中国莲瓣兰名品赏培

中国林业出版社

一、蝶花类

1—1“黄金海岸” 云南·金璐兰苑供照
此为云南省产之绿莲瓣兰多舌蝶花奇品。它花蕾绽开后，相继在唇瓣之上和捧瓣之后分生众多银圆状之小唇瓣，犹如银绕岸缘而为名。其萼缘也已有唇瓣化迹象。实为前所未闻之多态奇花。

1—2“点苍仙蝶” 云南·孙智勇培育
此为云南省产之莲瓣兰捧蝶花珍品。它除了双捧完全唇瓣化，与唇瓣同形同色外，其萼片也现唇瓣化迹象。

1—3“剑捧蝶” 云南·黄开寿培育
此为云南省产之绿莲瓣兰捧蝶花。它等腰三角形之全唇瓣化花瓣犹似矗立的刀剑而为名。风采独具。

1—4“双飞蝶” 云南·石纯尧培育
此为云南省产之黄莲瓣兰捧蝶花。它不仅仅是飞肩，连唇化捧也如大鹏展翅状，构成比翼双飞态。布局奇特，意境深远。

1—5“羊角蝶” 云南·石纯尧培育
此为云南省产之绿莲瓣兰捧蝶花。因它的唇化捧对称弧曲，呈公羊角状而为名。造型别致，彩斑绚丽。

1—6“点苍菊蝶” 云南·金璐兰苑提供
此为云南省产之绿莲瓣兰菊形奇蝶花。捧瓣增多而全唇瓣化。着色一致，排列有序，唇基之侧裂片增宽增大，犹如增生之小唇瓣，异常别致。花容、花色瑰丽，芳泽满室。

1—7“捧舌套蝶” 云南·石纯尧培育
此为云南省产之红莲瓣兰奇蝶花。在斜立唇化捧前各套生一枚与唇瓣不同形色的小唇瓣。从其合蕊柱已裂变成三枚看，该花有望继续异化。

1—8“红黄金海岸” 云南·石纯尧培育
此亦为云南省产之黄莲瓣兰多舌蝶花。与“黄金海岸”的造型、缀斑、唇瓣化相近似，只是花被金黄泛红晕，显得更加华丽。

1—1

1—2

1—3

1—4

1—5

1—6

1—7

1—8

一、蝶花类

1-9“碧龙蝶” 云南·李映龙培育
此为云南省产之紫莲瓣兰多舌捧蝶花。它的两片花瓣呈羊角状半唇瓣化，有的花朵唇瓣增二，成品字形排列。

1-10“维西星蝶” 云南·杨林栽培
此为云南省维西县境所产之绿莲瓣兰奇蝶花佳品。它花序异化为头状花序，三花聚生于莛顶，呈三角形辐射状排列。花瓣缘已明显唇瓣化。萼捧绿底披紫红彩条镶阔朱红边，绿鼻、绿舌洒黄斑或红块。

1-11“粉白剑阳蝶” 云南·陈述新培育
此为“剑阳蝶”品系之粉白主色肩蝶花。它花容更端庄，花色更俏丽。

1-12“双子蝶” 昆明·易兰网站提供
此为云南省西部所产之莲瓣兰蝶花稀珍品。它母花先绽，形、色如常；奇特的是，在每朵花子房基部双侧会各开出一朵捧蝶花。堪为蝶花之稀珍品。

1-13“丽江星蝶” 云南·金璐兰苑供照
此为云南省产之红莲瓣兰捧蝶花。它白捧唇瓣化，彩斑鲜丽，色彩对比强烈，清香如蜜。

1-14“苍山奇蝶” 云南·石纯尧、石纯忠登录、供照
此为云南省产之莲瓣兰奇蝶花。已正式登录（登录号063）。本品花瓣上侧唇瓣化，中萼全唇瓣，前所未闻，确为珍稀品种。

1-15“苍山峰蝶” 云南·石纯尧培育
此为云南省产之绿莲瓣兰奇蝶花。它与“苍山奇蝶”同类。所不同的是全蝶花之花瓣与中萼片一同耸立似群峰突兀；肩萼起翻上翘，如大鹏翱翔。

1-16“金红菊蝶” 云南·周维德栽培
此为云南大理所产之黄莲瓣兰奇蝶花珍品。它多瓣、多鼻、多舌菊花状，花中有花。其中部分花瓣唇瓣化。花色金黄，基部披红彩条。为罕见的金红色奇蝶花珍品。

1-17“雪白剑阳蝶” 云南·孙智勇培育
此为“剑阳蝶”品系之雪白主色肩蝶花。由刘世渡先生登录（登录号038）。萼片阔大，中段放角两头收根状，蚌壳捧，如意舌，荷形水仙瓣可称。香味纯正。

1-9

1-10

1-11

1-12

1—13

1—14

1—15

1—16

1—17

一、蝶花类

1—18“红彩剑阳蝶” 云南·石纯尧培育
此为云南剑川县产之已正式登录的“剑阳蝶”品系。它的中萼与蚌壳式捧疏叠半盖合蕊柱，肩萼唇瓣化过半，彩斑鲜丽，堪为蝶花珍品。

1—19“圆肩吻蝶” 云南·陈述新培育
此为云南省产之白莲瓣兰剑阳蝶系列之一。它的肩萼端形圆，形态别致。更令人赞不绝口的是，它上下两朵花相对而生，犹如一对恋人在接吻。柔情绰态，令人陶醉。

1—20“龙船蝶” 云南·孙智勇培育
此为云南省产之莲瓣兰头状花序捧蝶花。它的苞片格外长阔，平伸而端上翘，好比远航之舟，四朵聚生的捧蝶花好比龙舟之首而得名。形态别致，风彩独存。

1—21“粉红剑阳蝶” 云南·李映龙培育
此为“剑阳蝶”品系之粉红色肩蝶花。花色瑰丽，令人赏心悦目。

1—22“剑湖宝蝶” 云南·陈述新培育
此为云南剑川产之绿莲瓣兰三舌双鼻捧蝶花。它双捧唇瓣化程度和造型各异，雪球状之蕊柱分立，犹似龙珠。飘逸绰态，神妙造化，令人耳目一新。

1—23“翘肩粉蝶” 云南·孙智勇培育
此为云南省产之白莲瓣兰肩蝶花珍品。它略似“剑阳蝶”但肩萼角翘耸，端紧边、起兜，中萼短阔而挺翻。它花容端庄、花形硕大，花色秀丽，清香四溢。

1—24“晶萼捧蝶” 云南·孙智勇培育
此为云南省产之绿莲瓣兰捧蝶花奇珍品。它的子房已含大量的水晶成分，导致三萼片褶卷变小，端现晶体钩。其花瓣也格外发达，与唇瓣几乎等大而同形同色。合蕊柱异化成如张开之笑口，格外别致。花容绚丽可爱。

1—25“望月金蝶” 云南·孙智勇培育
此为云南产之莲瓣兰捧蝶花珍品。它的3个萼片细狭，色金黄，镶绿边；双捧全唇瓣化与唇瓣同形同色，犹如黄色美人蕉花状。耀眼斑斓，为罕见之金黄色捧蝶花。

1—18

1—19

1—20

1—21

1—22

1—23

1—24

1—25

一、蝶花类

1–26“四喜奇蝶”云南·孙智勇培育
此为云南省产之莲瓣兰奇蝶花珍品。它的中萼片趋向退化，短而小，但与唇瓣同形同色；捧瓣全唇瓣化；但左右捧形色各异。实是中萼、双捧唇瓣化。此外蕊柱已分裂成两枚。蕊基有唇瓣化小花瓣多枚。

1–27“点苍飞蝶”云南·孙智勇培育
此为云南省产之绿莲瓣兰奇蝶花佳品。肩萼如大鹏展翅，唇瓣下方增生一枚唇化萼。花瓣增生，且全唇瓣化。造型别致，着色绚丽。

1–28“天外天”云南·杨华、邹开府栽培，登录
此为已正式登录(登录号106)之云南产莲瓣兰子房与花莛异化类奇蝶花。曾获全国兰花博览会金奖。其花蕾排铃后，出现了许多轮生或互生之苞片状萼片。不论是奇花各部，还是花下之苞片状萼片，均有不同程度的唇瓣化。

1–29“碧龙奇蝶”云南·李映龙培育
此为云南产之莲瓣兰捧蝶花珍品，曾获第六届兰博会金奖。它之奇有三：一是不像一般捧蝶花的皱卷状而是如屏风一样耸立于蕊柱上方；二是双捧蝶基部凸起之晶白珠与药帽构成倒品字形；三是唇瓣上的侧裂片也显唇瓣化。

1–30“碧龙菊”云南·李映龙培育
此为产于云南省西部澜沧江畔的莲瓣兰奇蝶花。它集多蕊柱、多唇瓣、多花瓣于一体。花莛、花柄紫色，花色白底泛紫红筋纹。登录号053。

1–31“牛角肩蝶”云南·孙智勇培育
此为云南省产之白莲瓣兰肩蝶花珍品。它的肩萼唇瓣化已占全萼三分之二，朵朵呈倒挂之牛角状而为名。造型别致，色彩绚丽。

1–32“子母捧蝶”(供照者不详)
此黄莲瓣兰捧蝶花格外奇特。唇化捧中部鲜红，外缘洁白，形似唇，捧前又各有一枚唇样小捧，而成为子母捧蝶花。此外，捧与中萼、唇与肩萼截然分开而生，也甚为奇观。

1–33“桃园蝶”云南·金璐兰苑供照
此为云南产之莲瓣兰捧蝶花。它的白色唇瓣化捧高耸似兔耳状，形态逼俏。

1–26

1–27

1–28

1—29

1—30

1—31

1—32

1—33

一、蝶花类

1–34“苍山云蝶” 云南·金璐兰苑提供
此花与“苍山奇蝶”类似，但它的叶色、花色、花形又别具一格。

1–35“晶光蝶” 云南·李本光培育
此为云南省产之莲瓣兰线艺奇蝶花佳品。它的中萼片中段中部嵌有晶眼(旋涡黑珠)而使萼体增大、收缩、浪曲；花瓣基部也富含水晶成分，使瓣收细，中段又再扩大，双缘有较大的珠状瘤凸，端部唇瓣化。合蕊柱间尚有黄色小花瓣长出。本品构图新颖、造型别致，花色秀丽。是还在续变中的水晶奇蝶花佳品。

1–36“嫣蝶” 云南·金璐兰苑供照
此为云南省产之莲瓣兰捧蝶花。该花双捧之造型、着色和唇瓣化程度各异。绰约多姿，美不胜收。

1–37“孙氏奇蝶” 云南·孙智勇培育
此为云南省产之紫莲瓣兰多舌捧蝶奇花。它萼片反卷扭曲，捧瓣唇瓣化，蕊柱旁增生小唇瓣，缀斑鲜丽，风姿婉妙。

1–38“蓝彩蝶” 云南·孙智勇培育
此为云南省产之白莲瓣兰肩蝶花珍品。它肩萼唇瓣化过半，另半片萼缘又现唇瓣化迹象，格外特殊的是，肩萼唇瓣化部分是雪白色，而未唇瓣化部分却为蓝色，故而得名。其唇瓣之侧裂片格外发达，如飞态之蝴蝶，堪为珍品。

1–39“红素捧蝶” 云南·李复兴培育
本品产自云南大理州云龙县境内澜沧江畔，为红莲瓣兰红素捧蝶花珍品。它斜立叶态，端部弧曲，鞘叶红绿，淡绿萼片镶白边，披一红脉线，血红素舌，红素捧带宽银白缘。清香四溢。

1–40“点苍梅蝶” 云南·孙智勇培育
此为云南省产之莲瓣兰阔叶种梅形蝶花珍品。它的萼片圆阔、紧边、细收根，花瓣起兜。萼捧均初现唇瓣化迹象，是难得的梅形蝶花珍品。着色绿、白、黄、红，对比鲜明，令人珍爱。

1–41“白扇肩蝶” 云南·孙智勇培育
此为“剑阳蝶”品系之肩蝶花佳品。它中萼圆阔而似蒲扇，肩萼翻翘，唇瓣化程度高，形态别致，色彩秀丽。

1–34

1–35

1–36

1–37

1—38

1—39

1—40

1—41

一、蝶花类

1—42 “陈氏牡丹” 云南·陈述新培育

此为云南省产之红莲瓣兰牡丹瓣蝶花。它萼片、捧瓣、唇瓣大量增多，且有部分唇瓣化。其合蕊柱分裂异化成菜花样的小花瓣，簇拥成团。莛花同为金红色，瓣基洒深红斑。花容似菊，又名“剑湖菊”，曾获省、国家级兰展双特金奖。

1—43 “啸天豹” 云南·金璐兰苑提供

此为云南省产之红莲瓣兰捧蝶花。它的三萼片后卷如飘带，让主体更突出。花容犹如腾空之风筝。瑰斑绚丽，芬芳馥郁，神采动人。

1—44 “绿捧蝶” 云南·石纯尧培育

此为云南省产之绿莲瓣兰捧蝶花。其与众不同之处有三：其一，花开时不扭转180°，唇瓣仍然朝上；其二，双捧唇瓣化的程度有异；其三，捧舌基本同形同色。

1—45 “丽江虎蝶” 云南·石纯尧培育

此为云南丽江产之复色捧蝶花。它不仅萼片红绿交相辉映，就是唇瓣化捧也有绿、白、紫、红间洒浮泛。

1—46 “玉兔” 云南·李复兴培育

本品产自云南大理州苍山峡谷，为细高叶，金边艺，粉白花被，立态捧蝶花。虽捧瓣唇瓣化程度尚不很高，但从其趋势看，有望继续异化。花姿潇洒，花色俏丽，花味芬芳。

1—47 “复色捧蝶” 云南·孙智勇培育

此为云南省产之紫莲瓣兰捧蝶花佳品。它紫萼泛绿晕镶白缘，唇瓣化之双捧缺裂，形态、着色各异。异彩纷呈，风采不凡。

1—48 “红流捧蝶” 云南·杨沛忠培育

此为云南省产之红莲瓣兰捧蝶花。它唇瓣化捧上之洒斑呈流水态，格外别致，实属罕见。花色俏丽，芬芳四溢。

1—49 “花捧蝶” 云南·石纯尧培育

此为云南省产之绿莲瓣兰捧蝶花。它双捧之上缘唇瓣化后，边界不整齐，基部出现分裂，犹似插花束而为名。造型别致，风采独存。

1—42

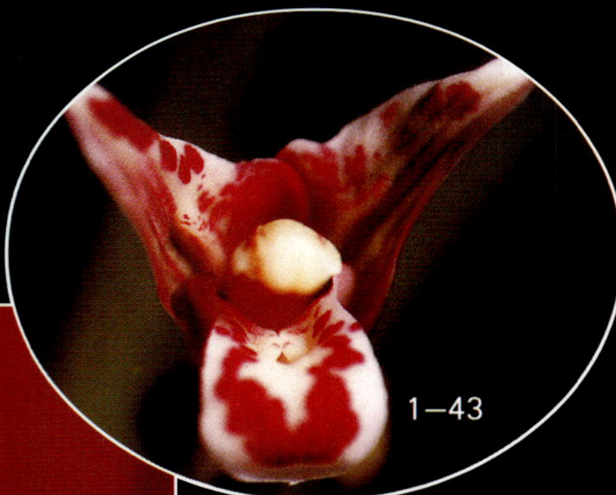

1—43

1—44

1—47

1—45

1—48

1—46

1—49

二、水晶艺类

2–1“挽龙”云南·孙智勇培育
此为云南省产之莲瓣兰水晶边缟艺品。它的水晶艺体先见于叶基，然后逐渐向上发展，而出现了挺翻、褶皱、扭卷。株形好比狂风猛袭，玉龙并肩抗击，力挽狂澜……

2–2“晶娇”云南·杨林栽培
此为云南省保山地区所产之莲瓣兰水晶艺复色水仙瓣花佳品。它三萼片长珠形，端椭圆，基收根；花瓣短阔、端圆、紧边而有浅兜，水仙瓣可称。其萼片和花瓣均嵌数条水晶缟，白、绿、紫、红、黄多色间泛，相映成趣。

2–3“透晶腾龙”四川·张长林培育
此为四川会理产之莲瓣兰水晶艺佳品。那大中透水晶艺带着绿色的生机腾空而起，启人奋发，风韵盎然。

2–4“望龙”云南·孙智勇培育
此为云南省产之莲瓣兰爪缟水晶艺佳品。叶端尖上的水晶艺体随着叶片的发育逐渐沿着叶缘或叶面向下延伸，而成了水晶边缟。本品造型别致，一片短片弧垂翻扭，一片挺立而弧伸，犹如潜望镜状向远处 望。风采独具，神韵非凡。

2–5“群龙漫舞”四川·张长林培育
此为四川会理县境山野所产之莲瓣兰水晶艺佳品。它全株或叶端，或叶缘，或叶面，含有水晶艺体而使叶片收缩、扭转、起皱，犹如群龙腾飞漫舞，神韵超凡。

2–6“奇株晶龙”四川·张长林培育
此为四川会理产之莲瓣兰奇株水晶艺兰。在同一稍叶里同时长出三株苗。其叶片水晶艺体约近半叶。实为罕见的水晶艺兰奇株。

2–7“晶轮”云南·陈贵供照
此云南省产之莲瓣兰为标准的矮种水晶覆轮艺。小巧玲珑，气宇非凡，光彩夺目。

2–1

2–2

2–3

2–4

2–5

2–6

2–7

二、水晶艺类

2–8 "晶红轮"(叶艺照) 云南·石纯尧、苏光勋、苏光兴、苏政权培育
此为云南省产之莲瓣兰叶花双艺佳品。叶为水晶覆轮深爪艺；花为水仙瓣镶宽晶边泛红晕艺。确为叶、花双晶佳品。神奇奥妙，分外迷人。登录号C81。

2–9 "晶红轮"(花朵照)

2–10 "晶红轮"(花蕾照)

2–11 "青山晶龙" 云南·孙智勇培育
此为云南省产之莲瓣兰矮种超级水晶艺珍品。它代代株矮叶阔而厚，等腰三角形叶，似矗立之绿色山峰。组绿帽镶绿边，晶心晶边艺。在不等量晕艺的作用下，收缩褶卷如龙。最为难得的是，水晶艺体常呈放射状分布，已初现山水画纹。发展潜力颇大，有望成为融矮种、奇叶、水晶艺、图画斑艺为一体之超级叶艺珍品。

2–12 "晶峰" 云南·孙智勇培育
此为云南省产之莲瓣兰凤型水晶艺品。它端部之水晶艺造型各一，其艺体已沿着叶缘和叶面往下延伸。

2–13 "孙氏晶娇" 云南·孙智勇培育
此为云南省产之莲瓣兰叶花皆镶水晶艺之珍品。它叶镶水晶边艺，花为覆轮晶艺加晶眼。花色有紫、灰、绿、黄、红、白多色交相辉映，十分绚丽。令人流连忘返。

2–14 "翠晶花" 云南·潘栎划培育
此为云南省维西县境所产之绿莲瓣兰水晶花。它萼捧翠绿色，端和边均镶嵌水晶艺。花瓣有浅兜，特大圆舌下挂不后卷。捧下缘已初现唇瓣化迹象，是水晶蝶花之期待品。

2–15 "晶河" 云南·孙智勇培育
此为云南省产之莲瓣兰水晶艺复色花佳品。它的叶缘、苞叶、花莛、子房、花朵均含水晶艺体。萼片、花瓣缘均镶水晶边；瓣面上水晶艺体阔大如河，在水晶艺体的作用下褶皱，瓣体扭翻。多种色泽相间浮泛，绚丽斑斓。

2–8

2–9

2–10

2–11

3-2-9

3-2-10

3-2-12

3-2-11

3-2-13

三、瓣型花类

3—2—14 “红秀荷” 云南·金璐兰苑提供
此为莲瓣兰高标准正格荷瓣花。三萼片格外短阔，放角收根显著，萼缘紧边，蚌壳式蒲扇捧分立蕊柱左右，大如意舌造型精致，花色俏丽，凝香聚瑞。

3—2—15 “魁元荷” 云南·石纯尧培育
此为莲瓣兰大型荷瓣花。白大圆舌面上红斑醒目，花容端庄，花色秀丽。美中不足的是，萼片放角尚不够典型。

3—2—16 “喜盈门” 云南·严乔生培育
此为云南省产之白莲瓣兰正格荷瓣花。它的白大铺舌镶心形大红斑，象征吉利。合蕊柱两侧增生小蕊柱，其端镶朱红斑，犹似迎宾小姐恭迎贵宾，十分别致。

3—2—17 “粉绿荷” 云南·孙智勇培育
此为云南省产之莲瓣兰荷瓣花。本品美中不足的是个别萼片尚嫌放角不够典型。花色白底披绿筋，泛粉红晕，大圆舌上彩斑排列有序，艳而不娇。

3—2—18 “银红荷” 云南·石纯尧培育
本品为阔叶种莲瓣兰，斜立叶态，端部弧垂，叶色亮绿，生机勃发。迎春而开镶银边之红色披彩条的大型荷瓣花。色彩鲜丽，清香远逸，唯萼片收根欠细。

3—2—19 “石龙荷” 云南·赵如宽提供
本品萼片短阔、放角收根，萼缘紧边且镶水晶，蚌壳捧，大铺舌，堪称荷瓣花。白舌镶有粗而阔的“U”字斑，十分醒目。花姿俏丽，芬芳馥郁。其肩萼的稳定性尚待观察。

3—2—20 “剑川虹荷” 云南·陈述新培育
本品产自云南剑川县老君山，为宽叶行龙中矮种荷瓣花。它花期春季，香压群芳，花色红艳，象征吉利。美中不足的是，萼片放角尚嫌不够典型。

3—2—14

3—2—15

3—2—16

3-2-17

3-2-18

3-2-19

3-2-20

三、瓣型花类

3–2–21“张氏荷”云南·张志宗培育

此为云南丽江产之红莲瓣兰正格荷瓣花。瓣背红筋鲜艳，把粉白瓣映衬得艳而不娇，十分秀丽。花香浓郁。

3–2–22“金荷”云南·张志宗培育

本品为斜立叶态，叶色亮绿，生机盎然。此荷瓣花独具3种风采：其一，平肩阔瓣；其二，椭圆形收根；其三，蒲扇形金捧妙构八字。雍容华贵，富丽堂皇，清香馥郁，令人珍爱有加。

3–2–23“玉水荷”云南·和寿春培育

本品产于云南丽江地区，叶细而较短，但迎春而开的花却很大。三萼片收根特别细，萼形大而有放角、紧边，蚌壳捧略张，大卷舌，堪为荷瓣花。花容俏丽，清香馥郁。

3–2–24“板圆红荷”云南·杨华、邹开府培育

此为云南省产之红莲瓣兰荷瓣花。它的3枚萼片格外短阔，端放角、紧边、基收根；短阔捧蒲扇式，半搭盖合蕊柱，白大卷舌镶“U”字形鲜红斑。萼捧脉纹明快，外缘镶银边，色彩艳丽，花香四溢。

3–2–25“秀鼎荷”云南·金璐兰苑培育

此为高标准荷瓣复色花，多色交相辉映如虹似霞，十分艳丽动人。

3–2–26“彩盖荷”云南·张志宗培育

该花为红彩正格荷瓣花。中萼与蚌壳捧合盖蕊柱，洋溢着含蓄。花容妖娆，清香扑鼻。

3–2–27“小白荷”云南·和寿春培育

此为云南产之细叶种白莲瓣兰荷瓣花。虽花容还不够端庄、对称，但仍可列荷瓣。

3–2–28“丽江荷”云南·张志宗培育

此为云南丽江产之红莲瓣兰。它叶厚而硬挺，已出黄色界艺。每于春节期间献艳送芳。它三萼片中段放角，两端收根，萼缘紧边，蒲扇捧，刘海舌，基本符合荷瓣花的标准。花莛、花柄、苞叶、瓣背均为鲜桃红色彩，瓣面粉白泛粉红晕，如绢似锦，灿烂动人。

3–2–21

3–2–22

3–2–23

3–2–24

3-2-25

3-2-26

3-2-27

3-2-28

三、瓣型花类

3-2-29 "中角荷" 云南·张志宗培育
此为云南丽江产之莲瓣兰荷瓣花。它三萼片异常短阔，中段放角，两头收根，萼缘紧边，蒲扇捧。花形魁奇，凝香聚瑞。

3-2-30 "黑晶荷" 云南·张志宗培育
此为细叶种立叶态黄莲瓣兰正格荷瓣花。奇特的是萼端尖镶有水晶艺体，花开足后，水晶艺体逐渐变成黑色，而成了黑晶艺。

3-2-31 "金粉荷" 云南·张志宗培育
此为云南省产之黄莲瓣兰荷瓣花。本品基本符合荷瓣花条件，但也有个别花朵中的个别萼片放角不够典型。合蕊柱过大，撑开双捧而影响花之开品。

3-2-32 "点苍梅" 云南·李映龙培育
该花曾以梅瓣类型正式登录(登录号067)，细赏此花，萼片收根细，端缘紧边，兜扣放角，蚌壳捧合拢，刘海舌，实为荷瓣。它花容端庄，花色鲜丽，质感好。

3-2-33 "黑嘴粉荷" 云南·张志宗培育
此为云南省产之莲瓣兰荷瓣花。本品基本符合荷瓣条件。唯其萼端之尖凸体，未能内扣；合蕊柱较粗而较长，极易撑开双捧而影响花之品级。萼尖为深茶色水晶体，故而为名。

3-2-34 "石门荷" 云南·李亮成培育
此为云南西部石门县境所产之莲瓣兰正格荷瓣花。它花容端庄，白大铺舌镶红斑对称。花色艳丽，幽香宜人。

3-2-35 "白金荷" 云南·孙智勇培育
此为云南省产之白莲瓣兰荷瓣花。此花色彩素雅、优美，但有个别肩萼放角尚不够典型，且唇瓣之侧裂片过大，极易撑开双捧而影响了花之开品。

3-2-36 "孙氏荷" 云南·孙智勇培育
此为云南省产之莲瓣兰荷瓣花。基本符合荷瓣花条件，但偶有个别萼片收根不够细，以致萼端放角、内扣不理想，而影响花容的端庄。

3-2-29

3-2-30

3-2-31

3–2–32

3–2–33

3–2–34

3–2–35

3–2–36

三、瓣型花类

3-2-37 **“碧龙荷”**云南·李映龙培育
该花虽为荷瓣，但它的三枚萼片放角收根不够典型。它的大白如意舌，红斑造型别具一格，颇似古装戏之脸谱，花色也格外秀雅，尚属可爱之花。

3-2-38 **“红心荷”**云南·陈建生栽培
此为云南大理产之红莲瓣兰荷瓣花。它白底泛红晕，披粗红条彩，白大铺舌嵌红色心脏形斑。色彩对比鲜明，花色艳丽，惟花容欠端庄。

3-2-39 **“周氏红荷”**云南·周维德培育
此为云南省云龙县境所产之红莲瓣兰荷瓣花。惟肩萼放角欠佳。花色绚丽，花香宜人。

3-2-40 **“圆舌大荷”**云南·石纯尧培育
此莲瓣兰为标准之大型荷瓣花。花容端庄秀雅，内涵丰富，白特大圆舌红斑对称，十分绚丽。

3-2-41 **“朱筋荷”**云南·孙智勇培育
此为云南省产之白莲瓣兰荷瓣花。美中不足的是有个别肩萼放角欠典型，合蕊柱稍粗长。

3-2-42 **“泸霞荷”**四川·曾毅培育
此为四川泸州产之莲瓣兰复色荷瓣花。花色似彩霞十分艳丽。但萼片放角尚不够典型，合蕊柱也偏大些。

3-2-43 **“红尖荷”**云南·孙智勇培育
此为云南省产之白莲瓣兰荷瓣花。本品基本符合荷瓣条件，但萼基收根尚不够细，捧也稍长些，有可能开品不很稳定，尚待继续观察。本品在萼端尖处，有一粉红斑，点缀得恰到好处。

3-2-44 **“杨氏金荷”**云南·杨林培育
此为云南省施甸县境所产之莲瓣兰正格荷瓣花珍品。它不仅荷瓣特征典型，而且有平肩。白大圆舌嵌“U”字形红斑，萼捧金黄底披挂粗鲜红条彩，在绿花柄的映衬下显得格外绚丽。

3-2-37

3-2-38

3-2-39

3-2-40

3-2-41

3-2-42

3-2-43

3-2-44

三、瓣型花类

(3)水仙瓣花

3-3-1 "龙珠" 云南 · 李映龙培育
此为云南省产之红莲瓣兰水仙瓣花珍品。它的萼片细收根，端椭圆而有长尖，中萼和右肩萼端前扣后似有放角状。其实它既无明显放角，也无端圆之特征，但它的花瓣雄性化，硬变似拳，合盖蕊柱，符合水仙瓣标准。它花容端庄、含蓄，紫、绿、白、红间泛，交相辉映，显得异常绚丽，令人流连忘返。

3-3-2 "红桃仙" 云南 · 郭崇实培育
本品为直立叶态，叶姿潇洒，叶色亮绿。莛柄花同为金红色，富丽堂皇，寄寓吉祥。花似荷型，但由于肩萼放角收根不明显，萼缘无紧边，屈居荷形水仙瓣。依白大如意舌上桃形红斑而为名。

3-3-3 "朱脉梅仙" 四川 · 刘世渡摄影
此为四川会理产之绿莲瓣兰梅形水仙瓣花。它萼片蛋圆形，端圆略紧边，细收根，花瓣短阔，有浅兜，大卷舌"U"字形镶斑鲜丽。萼捧均挂一条朱红线而名。

3-3-4 "石宝仙" 云南 · 杨沛忠、谢荣钟培育
本品产自云南剑川县境石宝山，以产地为名。它叶细而厚硬，间有深绿斑纹，为斜立叶态，叶齿细锐。春节期间献艳送芳。本品花大，萼片短而阔，但放角紧边不够明显和稳定，可列入荷形水仙瓣。

3-3-5 "圆舌荷仙" 云南 · 孙智勇培育
此为云南省产之莲瓣兰花。由于萼片端放角尚欠典型而被列入荷形水仙瓣花。

3-3-6 "桃红水仙" 云南 · 陈贵供照
此为云南省产之细叶种红莲瓣兰水仙瓣花。萼片虽为竹叶形，但花瓣已半硬起兜，水仙瓣可称。网纹明快，花色俏丽。

3-3-7 "滇仙" 云南 · 孙智勇培育
此为云南省产之绿莲瓣兰正格水仙瓣花。它合蕊柱拔高，但受硬捧之压抑而弧曲。小如意舌厚缘起大兜，形态别致。从捧、鼻、舌的异化和下面未绽之花蕾预计，该品异化潜力颇大。

3-3-1

3-3-2

3-3-3

3-3-4

3-3-5

3-3-6

3-3-7

三、瓣型花类

3-3-8 "红彩梅仙"云南·石纯尧培育
该花萼片短阔，端圆紧边，细收根，唯捧瓣仅是浅兜，而只能列为梅形水仙瓣。花形大，花色艳丽。

3-3-9 "云鹤梅"云南·李复兴培育
本品产自云南西部三江合流之雪山大峡谷，为白莲瓣兰梅形水仙瓣佳品。它叶细狭，叶断面"V"字形，常有白色斑纹。萼片蛋圆形，半硬捧，大如意舌，肩萼常后翻，唯萼缘紧边不明显，实属梅形水仙瓣。花姿婉妙，素中有艳，清香远逸。

3-3-10 "朱丝白仙"四川·孟显荣栽培，张长林供照
此为产自四川会理县境之朱丝莲瓣兰。它的萼片朵朵不一，有的蛋圆，有的放角收根，个别的还似宽带状；蚌壳式浅兜捧心，如意舌，录属于荷形水仙瓣。花色秀丽，人见人爱。

3-3-11 "绿梅仙"云南·张志宗培育
此为云南丽江产之绿莲瓣兰。它萼片蛋圆形，细收根，肩萼缘紧边不够明显，花瓣虽短阔但捧端雄性化不够明显，仅是浅兜，因而称为梅形水仙瓣。

3-3-12 "墨嘴仙"云南·张志宗培育
此花萼形多变，有的蛋圆，有的似扇，有的如长珠。萼缘无紧边微兜，但具蒲扇式捧，堪为荷形水仙瓣花。萼端尖有黑色点缀为本花之一大特色。

3-3-13 "张氏荷仙"云南·张志宗培育
此为云南丽江产之黄莲瓣兰花。本品有的萼片没有明显的放角收根，说明荷瓣特征欠稳定，故把其列入荷形水仙瓣。花色鲜艳，富丽堂皇，令人喜爱。

3-3-14 "绿荷仙"云南·张志宗培育
此绿莲瓣兰产自云南丽江，为春节期间献艳送芳之花。本品莛花3朵，顶朵堪为标准的荷瓣花，其下部两朵之肩萼片远离荷瓣肩萼特征，因此把它列入荷形水仙瓣。

3-3-15 "红点苍"云南·石纯尧培育
该花三萼短圆，紧边起兜，门字肩，蚌壳式浅兜捧心，大如意舌，舌上只缀一红斑。花色清新秀雅。由于捧仅浅兜，应属梅形水仙瓣。

3-3-8

3-3-9

3-3-10

3-3-11

3-3-12

3-3-13

3-3-14

3-3-15

三、瓣型花类

3-3-16 “粉绿荷仙”云南·孙智勇培育
此为云南省产之绿莲瓣兰花。由于肩萼片放角不够典型而被称为荷形水仙瓣花。花色粉绿，风采独存。

3-3-17 “金仙蝶”云南·赵如宽供照
此为产于云南剑川县之白莲瓣兰。三萼片长椭圆形，花瓣短阔，端有浅兜，水仙瓣可称。可贵的是肩萼下缘已有唇瓣化之迹象，是仙蝶之期待品。清香浓郁。

3-3-18 “深池仙”四川·王保生选育
此为四川省石棉县“深池”山所产之白莲瓣兰梅形水仙瓣花。它叶斜立，端部弓垂，叶质厚，叶幅1cm，长70cm，花期2月。莛长2～4朵，幽香宜人。它萼片蛋圆形、细收根，但无紧边。观音捧，龙吞舌，因萼缘无紧边，只能屈居梅形水仙瓣行列。花色素中有艳，清丽可爱。

3-3-19 “皱肩仙”云南·陈贵供照
本品为云南省产之白莲瓣兰。叶态斜立，叶质厚硬，叶脉沟深邃，叶缘厚起，主脉常不居中，为本花开花前之识别特点。它三萼长珠形，两头收根，端圆、紧边；花瓣短阔，端有浅兜，堪为水仙瓣花。依肩萼起皱而为名。

3-3-20 “飞鹰”云南·孙智勇培育
此为云南省产之白莲瓣兰奇态水仙瓣花。本品虽萼片较长，但能紧边起兜，捧瓣也较长而斜伸，但捧端雄性明显，将它列入水仙瓣行列，可丰富水仙瓣内容。它中萼端似鸟头状，肩萼飞翘，故而为名。

3-3-21 “云白仙”云南·陈贵供照
本品为云南省产之白莲瓣兰。它叶细而硬，已出银界艺。花姿轩昂挺立，萼幅较短阔，呈长珠形，萼端椭圆，萼基收细，捧瓣雄性化明显，堪为标准的水仙瓣花。

3-3-22 “小荷仙”云南·周维德培育
此为云南省云龙县境所产之莲瓣兰小型花。它中萼放角收根而肩萼却偏圆而无明显放角，故而列为荷形水仙瓣花。

3-3-23 “袁氏碧玉”云南·袁玉芳培育
此为云南省产之白莲瓣兰水仙瓣花，已正式登录。三萼片细收根，端阔椭圆，花瓣短阔圆钝而有浅兜。花容素中有艳，香气幽远。

3-3-16

3-3-17

3-3-18

3-3-19

3-3-20

3-3-21

3-3-22

3-3-23

三、瓣型花类

3-3-24 "天池仙桃" 云南 · 李亮成培育

此为云南澜沧江畔所产之红莲瓣兰梅形水仙瓣花。它三萼片十分短阔，形圆似桃，端缘稍紧边；花瓣蚌壳式，端缘紧边而有浅兜；白大卷舌嵌"U"字形红斑。花色秀丽，清香宜人。

3-3-25 "绿嘴黄仙" 福建 · 蔡志波培育

此为云南省产之黄莲瓣兰花。它萼片呈长珠形，端钝尖，基收根，花瓣短阔，端圆起兜。水仙瓣花可称。红、黄、绿三色交相辉映，绚丽可爱。

3-3-26 "蟠桃" 云南 · 杨朝敏培育，樊有德供照

此为云南施甸产之细叶莲瓣兰花。它叶细硬，斜立弧垂，叶齿细锐，叶色灰绿，春节后开花。三萼片格外短阔，紧边收根，但肩萼放角不够明显，呈桃形。蚌壳式捧内合半盖合蕊柱，白大铺舌，彩斑鲜丽，荷形水仙瓣可称。花容端庄，花色秀丽，犹似蟠桃而为名。花香纯正。

3-3-27 "周氏梅仙" 云南 · 周维德培育

此为云南省剑川县产之红莲瓣兰梅形水仙瓣花。花色秀丽，花香宜人。

3-3-28 "小金仙" 云南 · 陈贵供照

此为云南产黄莲瓣兰水仙瓣花。它萼片长珠形，萼基收细；半硬捧。大卷舌红斑鲜丽，与黄花被交相辉映。

3-3-29 "潘氏荷仙" 云南 · 潘栎划培育

此为云南省怒江贡山所产之莲瓣兰花。由于个别萼片放角不够典型，捧瓣又欲伸展。因而归于荷形水仙瓣。

3-3-30 "粉绿仙" 云南 · 孙智勇培育

此为云南省产之绿莲瓣兰奇态水仙瓣花。本品虽个别肩萼较长而浪曲，但能收根、紧边、起兜，再从其花瓣为观音捧，小如意舌看，如把其列入水仙瓣行列，可给水仙瓣赋予新意。花姿别致，着色秀丽。

3-3-24

3-3-25

3-3-26

3-3-27

3-3-28

3-3-29

3-3-30

四、素心花类

4—1 “维贵素”云南·李炳贵、王长生、杨建忠、顾开顺、管自槐、金武夂、张志忠等培育
本品产自云南维西县境，由李炳贵所引种而为名。它萼片格外短阔，刘海舌。风采独存。

4—2 “碧龙玉素”云南·李映龙培育
此为云南西部洱源县罗坪山所产之白莲瓣素。由于它花径大，花瓣阔，花容端庄，花色白而半透明，花香远逸，曾获七八九届中国兰花博览会金奖或银奖，又获张学良将军纯金奖。

4—3 “天鹅素”云南·石纯尧培育
此为云南省产之白莲瓣兰桃腮素佳品。它的萼端常呈“S”形弯曲，花瓣基部略挂些许异彩。花姿婉妙，花色素雅，花香幽远。

4—4 “石氏素”云南·石纯尧培育
此为云南省产之白莲瓣兰素心花珍品。它萼片长珠形，花瓣短阔，平盖状，捧缘常有浅兜，是水仙形素花。花容端庄，洁白无暇，清香扑鼻。

4—5 “白云素”云南·李映龙培育
此为云南省产之莲瓣兰乳白色素心兰佳品。花瓣短阔，花色素净，花味清纯。

4—6 “白玉桃腮素”云南·李映龙栽培
它为斜立叶态。莛花多为2朵。萼端有明显的放角状，端尖、萼片常有前扣态。萼基披挂有些许彩条。曾获地方兰展金奖。

4—1

4—2

4—3

4—4

4—5

4—6

四、素心花类

4-7 “绿花白舌素”云南 · 袁玉芳供照
此为云南省产之绿莲瓣兰素心花。绿花被，白唇瓣，风采独存。

4-8 “三星素”云南 · 孙智勇培育
此为云南省产之白莲瓣兰素心花佳品。因其每莛3朵花，又朵朵上昂犹如遥望星空，故而得名。

4-9 “绿杆素”云南 · 孙智勇培育
此为云南省产之莲瓣兰素心佳品。它花雪白，瓣质薄而透明，香气四溢，在绿杆绿柄的映衬下，显得生机隽永，令人赏心悦目。

4-10 “碧龙洁”云南 · 李映龙培育，福建 · 许东生引种
此为云南省产之莲瓣兰素心花。花容端庄，洁净无暇，雪白而半透明。幽香远逸。

4-11 “丽人素”云南 · 孙智勇，福建 · 许东生培育
此为云南省产之绿莛淡粉红素心花珍品。它为出架中型平肩花。绿莛，淡粉红花色，花有半透明质感，如靓女丽颜，堪为莲瓣素品外之奇。

4-12 “绿奇素”云南 · 孙智勇培育
此为云南省产之绿莲瓣兰细瓣绿色素心奇花。它绿花莛、绿花柄、绿花萼，大白卷舌，唇外基部增生一小萼片。花容似蜂飞舞，花色素净无暇，花香宜人。

4–9

4–10

4–11

4–12

四、素心花类

4—13 “羊脂玉素” 云南·金璐兰苑供照
此为云南省产之白莲瓣兰乳白素。因其有的萼片放角不够明显，而只能称荷形素花。是莲瓣兰白花素之珍品。

4—14 “大雪素” 云南·张志宗培育
此为云南传统素心莲瓣兰名品。它叶幅1.0～1.2cm，长45～50cm，弧垂叶态。春节前后开花，为出架大白花，莛花2～5朵，三萼片之中段有放角状。花容素净，花香纯正。

4—15 “赵氏素” 云南·赵如宽培育
此为云南省产之莲瓣兰素心花。全花素净，花容端庄，清香幽远。

4—16 “绿嘴金仙素” 云南·孙智勇培育
此为云南省产之黄莲瓣兰水仙瓣素心花。它萼片中段较宽，两端收根，花瓣短阔似蒲扇状，捧端明显起兜，水仙瓣可称。它绿莛、绿柄、绿瓣端、金黄萼捧面，雍容华贵，幽香宜人。

4—17 “苍山瑞雪” 云南·李映龙培育
此为云南传统素心莲瓣兰佳品。又名素馨兰，在滇西栽培已久，为“小雪素”之优良品种。已正式登录(登录号026)。它比“小雪素”莛花朵数更多，常为2～5朵；花莛更高些，更利于观赏；花莛色更白。

4—18 “奇荷素” 云南·李映龙培育
此为云南省产之莲瓣兰荷瓣素心珍品。它的萼片中段放角，两头收根，缘紧边，桃形扇状捧，葫芦形舌，属变形荷瓣素。造型别致，风采独特。

4—14

4—13

4—15

4—16

4—17

4—18

四、素心花类

4-19 “周莲素”云南·周维德选育
此为云南大理所产之白莲瓣兰全素心花。花大形雅，色净无瑕，醇芳四溢。

4-20 “庆麟素”云南·李炳贵、黎兴胜、顾开顺等培育
该莲瓣素系云南省曲靖(也名麒麟城)兰友引种于云南迪庆。各取地名之一字而为名。已正式登录(登录号077号)。本品萼片格外短阔，肩萼呈张弓形，中萼珠形；花瓣短阔，山峰形，端缘紧边，水仙瓣可称。唇基之侧裂片十分发达，环绕合蕊柱，格外别致。它瓣形宽阔，花容端庄，造型别致，清香远逸。堪为莲瓣素之珍品。

4-21 “丽江素”云南·张志宗培育
本品产云南之丽江，以产地命名。它萼片竹叶形，中萼常先前倾，后挺翻，风采独具。

4-22 “玉雪儿”云南·和寿春培育
本品为产自云南丽江塔城之细短叶素心水仙瓣莲瓣兰。萼片竹叶形，硬捧合盖蕊柱顶，如意舌，符合水仙瓣花标准。花色洁白无暇，清香远逸。堪为莲瓣素之珍品。

4-23 “阿达飞素”云南·李亮成培育
此为云南西部云龙县境所产之莲瓣兰素心花佳品。它飞肩、大圆舌，捧端有浅兜，中萼端有爪艺，风采不凡。

4-24 “小雪素”云南·孙智勇培育
此为云南传统素心莲瓣兰名品。它与“大雪素”相比较，大致有如下3个差别：其一，叶较小，为细叶种，通常叶幅在0.7cm；其二，莛花朵数较少，通常莛花2～3朵；其三，花冠较小，萼片、花瓣较细狭，萼片中段不具放角状。

4-25 “绿发素”云南·黄开寿培育
此为云南省产之绿莲瓣兰素心花。它绿花镶白边，花瓣、肩萼呈八字形展开，兆寓大发，风韵不凡。

4-19

4-20

4-21

4—22

4—23

4—24

4—25

四、素心花类

4—26 "芙蓉素" 云南·黄开寿，福建·许东生培育

此为青藏高原东南部怒江上游山野所产之淡紫粉红素心莲瓣兰。因犹似下午之芙蓉花色而为名。曾名"太白素"，是莲瓣素的稀珍品。造型新颖，风姿婉妙，袅娜欲飞，香佳气爽，令人陶醉。

4—27 "绿白素" 辽宁·崔玉宽引种栽培

此为云南省产之莲瓣兰全素心花佳品。它萼片呈中段放角状，花瓣短阔，为罕见的外轮翠绿，内轮雪白之全素花。

4—28 "玉明素" 四川·刘世渡摄影

此为四川会理县境山野所产之莲瓣兰素心花佳品。它萼片阔，花瓣短圆，大卷舌。瓣质薄而半透明，格外素雅，清香远逸。

4—29 "银杆莲瓣素" 四川·会理兰协供照

此为四川六华山区所产之素心莲瓣兰。它叶态斜立，叶色深绿，叶齿细锐，叶断面"V"字形。花莛、苞叶、花朵均雪白无暇，花味清香。

4—30 "一捧雪" 四川·刘世渡培育

此为四川会理产之莲瓣兰素心花。于1996年由刘世渡先生登录(登录号038)。萼片阔大，中段放角两头收根状，蚌壳捧，如意舌，荷形水仙瓣可称。三萼片淡绿色，花瓣、唇瓣共构成一圆团雪球状。故而为名。香味纯正。

4—31 "春雪" 四川·会理兰协供照

此为四川会理黄柏山区所产之莲瓣兰素心花。它叶芽和花芽翠绿色，叶弯垂，断面"V"字形。花瓣捧合无兜。花容端庄，白净无暇，香味清雅。

4—26

4—27

4—28

4—29

4—30

4—31

四、素心花类

4–32 “小绿筋素”浙江·吴日栽培
此为云南省产之绿莲瓣素。全花挂淡绿筋纹，泛翠绿晕，镶银边。小巧玲珑，清香扑鼻。

4–33 “青黄素”云南·孙智勇培育
此为云南省产之莲瓣兰青黄色素心花。它青黄色花被镶白缘，花瓣椭圆，耸立如屏风。花容端庄，风采独存。

4–34 “玉环素”云南·孙智勇培育
此为云南省产之莲瓣兰素心珍品。它花大、瓣阔，侧裂片格外发达，耸立而向后弧曲，绕蕊半周，形成一个环状而为名。造型别致，引人遐思。

4–35 “高莛素”云南·孙智勇栽培
此为云南省产之莲瓣兰白花素心花珍品。它为大出架花，萼片端多有尖凸，花瓣短阔。花容晶莹无暇，鲜亮夺目，芬芳馥郁。

4–36 “黄素”云南·石纯尧，福建·许东生培育
此为云南省产之黄莲瓣兰素心花珍品。它萼片长珠形，花瓣短阔，端圆而耸立，大铺舌。花容端庄，雍容华贵，清香四溢。

4–37 “点苍素”云南·石纯尧培育
此为云南省产之莲瓣兰阔瓣素心花佳品。花容端庄，色彩素净，网脉明快，香味醇正。

4–38 “圆舌素”云南·金璐兰苑供照
此为云南省产之莲瓣兰素心花佳品。因其唇瓣常为如意舌形而为名。

4–32

4–33

4-34

4-35

4-36

37

4-38

五、花艺类

5–1 “桃花” 云南·孙智勇培育
此莲瓣兰萼捧短阔，白底挂红条彩，犹如一枝盛开的桃花，十分秀雅。

5–2 “一对红” 云南·孙智勇培育
此为云南省产之红莲瓣兰花艺佳品。它叶硬挺，脉浮露，色翠绿，花莛、花柄紫红色，花白底，挂红条，浓泛鲜红晕。莛花两朵，成“一对红”，寓意不凡。

5–3 “荷形朱丝莲” 云南·郭崇炎培育
此为云南省产之莲瓣兰朱丝佳品。它肩萼放角收根，缘紧边，但由于中萼没有稳定的放角收根，而难属荷瓣。它白大如意舌上的广“U”字形红斑及对称的红圆斑和瓣上的红丝十分醒目。

5–4 “沧江姣龙” 云南·李亮成培育
此为云南澜沧江畔所产之红莲瓣兰花艺佳品。它萼片短阔而形圆，花瓣似蒲扇，白大卷舌，缀红点有序，花色粉白底，披红条，泛红晕，十分秀丽。令人赏心悦目。

5–5 “粉朱莲” 云南·孙智勇培育
此为云南省产之红莲瓣兰花艺稀珍品。它捧面镶鲜红珠，白覆轮大铺舌面，红得发紫，珠形萼片粉红挂一鲜红丝，造型、着色别致，令人陶醉。

5–6 “花仙” 云南·王琨、陈国顺培育
此为云南丽江产之莲瓣兰复色花。它中萼梭标形，似兰之丰碑轩昂挺立，肩萼如翅似掌。它着色瑰丽，美若天仙，令人倾慕。

5–7 “红杏” 云南·孙智勇培育
此细叶莲瓣兰叶色青翠欲滴，在万绿丛中，一枝小巧玲珑的红花拔地而起，生出“满园春色关不住，一枝红杏出墙来”之意境……

5–8 “春雪” 云南·孙智勇培育
此为云南省产之白莲瓣兰花艺佳品。它斜立叶态，春节期间开花。白色大花被，红捧心，红大卷舌镶白边。花多态，有的为等腰三角形，有的平肩。花容工整，花色秀丽，清香宜人。

5–5

5–6

5–7

5–8

五、花艺类

5–9 **"永结同心"** 四川·王保生培育
比为四川省石棉县境山野所产之红莲瓣兰花艺佳品。它一莛双花，花形、花色匀有微妙之差异，唯独白唇上的心脏形红斑一致。好似一对永结同心之佳偶。风韵不凡。

5–10 **"金丝猫"** 云南·杨朝敏培育，樊有德供照
比为云南省保山地区潞江峡谷所产之宽叶莲瓣兰花艺佳品。它弓垂叶宽1.2cm，长60cm，叶脉浮露，叶色浓绿。每于春节期间开香花。花心部造型、着色格外别致颇似猫头，故而得名。

5–11 **"金红莲"** 云南·杨华培育
比为云南省产之红莲瓣兰花艺珍品。它捧面全鲜红镶白缘。如果唇瓣也能与其同形同色，便是捧蝶花。它萼片阔而长，花色青黄泛红晕披鲜红条彩，在白素唇的映衬下鲜艳夺目。

5–12 **"红川莲"** 四川·王保生培育
比为产于四川石棉县境山野之朱丝莲瓣兰花艺佳品。它除了萼片中脉有一红线之外，萼端两侧各增一红线段，形似河川。

5–13 **"浪捧素仙"** 云南·孙智勇培育
比为云南省产之黄莲瓣兰，三萼素净，呈半透明质感。捧端浪曲，风采独存，幽芳远播。

5–14 **"笔架红翎"** 云南·李福喜培育，袁玉芳供照
比为云南省安宁地区林野所产之红莲瓣兰花艺佳品。曾获地方兰展铜牌奖。该花蚌壳捧，中萼前倾，富有内涵。肩萼似鸟低飞，形态逼俏，花色艳丽。

5–15 **"碧龙红莲"** 云南·李映龙培育
比为云南省产之莲瓣兰红花珍品。它叶细、株高、色绿。花莛、花柄、花被均格外鲜红。萼片棱形，肩平；花瓣高耸如蒲扇，白舌镶"U"字红斑格外醒目。春节期间绽放佳容，呈祥兆瑞，增进节日气氛，香化环境。

5–16 **"粉彩莲"** 辽宁·崔玉宽引种
比为云南省产之莲瓣兰花艺佳品。它主萼放角、紧边、收根，但肩萼没有放角；蚌壳捧，大卷舌。花瓣阔，花容端庄，花色秀丽，令人欣羡。

5–9

5–10

5–11

2

5—13

5—14

5—15

5—16

五、花艺类

5–17 "三角白" 云南·孙智勇培育
此为云南省产之白莲瓣兰花艺佳品。它三萼长珠形呈三角排列，花瓣短阔，端略紧边，稍似水仙瓣，卷唇缀红斑醒目。花容端庄，花色秀雅，花香醇正。

5–18 "星光灿烂" 云南·杨朝敏培育，樊有德供照
此为云南施甸产之细叶莲瓣兰花艺珍品。它春节期间开出秀丽香花。双捧高耸，捧端已现唇瓣化，其红斑犹如璀灿之星光呈祥兆瑞。白如意舌镶斑似一串佛珠恭祝您常行好运。缀斑别致，是全捧蝶花的期待品。

5–19 "猫头鹰" 云南·杨林栽培
此为云南省昭通地区所产之白莲瓣兰奇态花艺佳品。它侧萼平展欲飞，中萼似鹰嘴状；花瓣格外细短，呈猫耳状，与唇瓣共构成猫头形，故而为名。花瓣已半唇瓣化。造型独特，花色秀丽。

5–20 "白衣战士" 云南·李映龙培育
此为云南省产之白莲瓣兰花艺佳品。它叶阔，端钝尖，叶色浓绿，春节期间开红莛、红柄、白彩花。双捧合盖蕊柱，中萼又再弧盖，肩萼也弧扣，犹似风华正茂的白衣战士。

5–21 "白朱丝" 云南·孙智勇培育
此为云南省产之白莲瓣兰朱丝花艺佳品。白花瓣、萼片形阔，端钝圆，其上疏挂不规则的朱红线纹。独具一格，风采不凡。

5–22 "达门" 云南·李亮成培育
此为云南西部云龙县境所产之黄莲瓣兰花艺佳品。它花瓣短阔，为荷形花。全花金辉莹射，雍容华贵，幽香宜人。

5–23 "蝶恋荷" 四川·刘世渡供照
本品产自四川六华山区。叶窄质薄，为软垂叶态。萼片短阔，中萼前倾，蚌壳捧，大圆舌。唯萼片不具放角，不然就是荷瓣花。它舌上红斑形似蝶而为名。

5–24 "复色红莲" 四川·刘世渡摄影
此为四川会理产之红莲瓣兰复色花。它萼片短阔，大竹叶形，红、白、绿、紫多色间泛，交相辉映；花瓣蚌壳式，白底披鲜红筋，半盖合蕊柱，大卷舌，彩点醒目，为艳丽之复色花佳品。

5–17

5–18

5–19

5—20

5—21

5—22

5—23

5—24

五、花艺类

5–25“红桃” 福建·许东生，辽宁·崔玉宽引种培育
此为云南省产之红莲瓣兰。它为斜立叶态，叶色翠绿，生机勃发。春节期间盛开大红花，为人们增进节日气氛，呈祥兆瑞。它桃形萼，近似蒲扇捧，曾名“金华梅”。虽不及瓣型花标准，但仍属难得之花艺佳品。

5–26“朱丝金莲” 云南·石纯尧培育
此为云南省产之黄莲瓣兰大型花艺珍品。它之斜立细硬叶似镶有不甚明显的银边。花也镶有银边。它萼片长而阔，镶有淡朱丝一条。蒲扇式短圆花捧分立两侧。黄唇上之彩斑醒目。花香迷人。

5–27“朱丝黄玉” 云南·石纯尧培育
此为云南省产之黄莲瓣兰朱丝花艺佳品。萼片短阔肥大，花瓣短阔弧盖蕊柱，白大铺舌面上红斑叶芽形，十分别致。

5–28“北斗晃” 四川·贾学成选育
此为四川产之莲瓣兰与春兰天然杂交种之线艺复色花。萼片、花瓣袅娜欲飞，风度翩翩。多色相间浮泛，犹如五彩云霞，堪为姿色俱佳的复色花。

5–29“金彩兰” 云南·张志宗培育
此为云南省产之黄莲瓣兰花艺珍品。它萼片珠圆形，花瓣短阔，耸立如屏风。白大卷舌缀斑鲜红而别致。全花金辉荧射，一派富贵气质，令人珍爱。

5–30“翠晶红轮” 云南·石纯尧、苏光兴、苏光勋、苏政权培育
此为云南省产之莲瓣兰复色花，已经正式登录（登录号081）。该花花萼、花瓣之中脉间为绿筋、绿晕，其余部分为晶白底挂淡红筋，泛粉红晕。秀丽柔媚，令人羡慕。

5–31“西施莲” 云南·潘栎划培育
此为云南省维西县产之红莲瓣兰花艺佳品。由于它的肩萼放角不够稳定，而不能称为荷瓣花。花姿小巧玲珑，花色秀丽，清香宜人。

5–25

5–26

5–27

5–28

5–29

5–30

5–31

六、素舌类

6–1 “红舌青莲” 云南·黄开寿培育
此为云南省产之莲瓣兰红素舌花。

6–2 “红核桃” 云南·孙智勇培育
此红舌莲瓣兰舌心嵌一黄条斑，犹似核仁，点缀得恰到好处。桃红花被，端泛绿晕，多色相映成趣。

6–3 “三挂红” 云南·孙智勇培育
此白莲瓣兰萼捧均披挂三条红彩，褐红舌镶白边，独具风采。

6–4 “红金莲” 云南·石纯尧培育
此为云南省产之黄莲瓣兰素舌珍品。本品仅个别萼片放角不够明显，而无法跻身于荷瓣花行列。红唇镶白缘，色彩对比鲜明，全花雍容华贵，兆寓吉祥如意。

6–5 “红唇白莲” 云南·石纯尧培育
此为云南省产之白莲瓣兰红素舌佳花。它色彩对比强烈、鲜艳夺目。

6–6 “三笑红” 云南·孙智勇培育
此为云南省产之莲瓣兰素舌花佳品。鲜红捧与红心舌构成笑口样而为名。花色白里透鲜红，十分艳丽，令人喜爱。

6–1

6–2

6–3

6—4

6—5

6—6

六、素舌类

6–7“心心相印” 云南·石纯尧栽培
此为云南省产之白莲瓣兰红素舌佳品。三萼珠形，花瓣短阔合盖蕊柱，中裂片红斑心脏形，镶白缘。花容端庄，花色秀丽。

6–8“红心” 云南·和寿春培育
此为云南省产之莲瓣兰素唇花艺品。它的萼片、花瓣淡紫色，披挂深紫条彩，网纹明快。素白舌上，心脏形红斑鲜艳夺目。

6–9“双抱红” 云南·孙智勇培育
此为云南省产之莲瓣兰素舌花。它瓣阔花大，呈拥抱态，褐红色大铺舌镶白边，富有含蓄感。

6–10“红舌水仙” 云南·石纯尧培育
此为云南省产之绿莲瓣兰水仙形红素舌花。萼片长竹叶形，花瓣较短阔且有浅兜，红素舌镶白缘。色彩艳丽。

6–11“朱丝红” 云南·孙智勇培育
此为云南省产之莲瓣兰素舌花佳品。本品花容端庄，洋溢着含蓄。披彩别致，深红舌镶白缘，小巧玲珑，十分可爱。

6–12“瓜仁红” 云南·孙智勇培育
此为云南省产之白莲瓣兰素舌花。它的萼短阔，两端收根，似瓜子仁状。深红舌镶白边。色彩对比鲜明。

6–7

6–8

6-9

6-10

6-11

6-12

六、素舌类

6–13 “红桃” 云南·孙智勇培育
此为云南省产之白莲瓣兰素舌花佳品。本品初看似荷瓣花。细看萼体比例失调，放角收根不明显。捧虽短阔而成弧盖状，但捧端过尖，形也不端庄，因而未能进入荷瓣行列。但它之大圆舌褐红镶白缘，也颇具特色。

6–14 “白玉粉莲” 云南·孙智勇培育
此为云南省产之红莲瓣兰白素舌珍品。它那短阔荷形萼片披淡桃红筋纹。蚌壳式捧严盖合蕊柱，大圆舌素白无暇，十分秀雅。

6–15 “素红” 云南·周维德栽培
此为云南西部产之红莲瓣兰素舌花佳品。它三萼短阔，端椭圆，基收根，双捧较长阔，耸立似屏风，端圆紧边，有浅兜，水仙瓣可称。它红萼、黄捧、黄鼻、白素舌。花色秀丽，清香远逸。

6–16 “朱丝红舌” 云南·金璐兰苑供照
此为云南省产之朱丝莲瓣兰红素舌花。

6–17 “绿舌莲” 云南·孙智勇培育
此为云南省产之绿莲瓣兰素舌珍品。它虽是瓣细、花小，但它的绿素舌风采独具，令人珍爱。

6–18 “翠嘴红” 云南·孙智勇培育
此为云南省产之莲瓣兰素舌花佳品。本品乳黄花被，镶绿嘴，绿鼻红素舌，红莛、红柄、黄叶片，多色交相辉映，耀眼斑斓，堪为佳品。

6–13

6–14

6–15

6–16

6–17

6–18

六、素舌类

6–19 **“宝钗”** 云南·李映龙培育

此为云南省产之紫莲瓣兰素舌佳品。它只差个别萼片放角不够典型和捧稍长，而不能列入荷瓣，但荷形花可称。其镶白缘之大铺舌面红得发紫，萼捧基披彩呈放射形，花被白泛淡紫晕，风采独存，曾获十二届全国兰博会银奖。

6–20 **“红丝莲”** 云南·李映龙培育

此莲瓣兰花被密挂红丝，粗细有致，红舌镶白边。花容端庄，色彩艳丽。

6–21 **“春红”** 云南·孙智勇培育

此为云南省产之莲瓣兰水仙瓣形素舌佳品。它三萼短阔，端圆，紧边，细收根，淡绿色。双捧耸立成圆弧形屏风，捧端紧边。唇面与腮鲜红。花容端庄，花色绚丽。

6–22 **“火仙”** 云南·孙智勇培育

此为云南省产之白莲瓣兰素舌花佳品。本品为水仙瓣形花。白花被褐红舌镶白边，双捧似屏风，里面如烈火在燃烧，但却烧不透白屏风。细看花芯好比火中仙子，风采不凡。

6–23 **“素娇”** 云南·李映龙培育

此为云南西部洱源县罗坪山所产之白莲瓣兰红素舌佳品。它花莛高，花径大，莛柄和花被淡乳黄色，大铺舌鲜紫红色，捧端披彩红，是外素内娇之素艳大香花。

6–24 **“雪里红”** 云南·孙智勇培育

此为云南省产之白莲瓣兰素舌佳品。它虽为竹叶瓣花，但萼片伸展刚劲有力，脉纹明快，白里透红，顾盼呼应，情态逼真，幽香萦绕，令人赏心悦目。

6–19

6–20

6—21

6—22

6—23

6—24

七、线艺类

7—1“汤晃” 云南·李金健培育
此为云南省产之白莲瓣兰叶花双艺佳品。叶为绀覆轮晃艺。花为白花泛红晕轮。风采独具，令人珍爱。

7—2“银边红莲” 云南·石纯尧培育
此为云南省产之红莲瓣兰线艺品。它的新株已出银边、银界叶艺。花背深朱红色，瓣面朱粉色，是叶花皆秀丽的佳品兰。

7—3“雪山” 云南·孙智勇培育
此为云南省产之莲瓣兰多艺性高级线艺珍品。它侧叶绀覆轮中透艺，心部4片叶为曙艺。多艺交相辉映，十分优美。

7—4“银贵妃” 浙江·任余庆培育
此为云南省产之红莲瓣兰线艺花艺品。它的斜立叶已出银边艺、银界艺、中缟艺。全白底泛粉红晕披细淡红筋纹，色彩秀雅，令人钟爱。

7—5“金莲仙” 云南·张志宗培育
此为云南省产之红莲瓣兰金边叶艺水仙瓣花佳品。它边艺宽而透叶基。花萼短阔，长珠形，端缘微紧边，基收根，花瓣短阔，端圆起浅兜，水仙瓣花可称，堪为线艺瓣型花。

7—6“白玉素仙” 云南·陈贵供照
此为云南省产之白莲瓣兰线艺瓣型花佳品。它叶片已出银界艺、银边艺。花为白莛雪白素花，三萼片短阔，呈珠形，端紧边，花瓣短阔起兜，符合水仙瓣标准。株叶斜立、油亮，线艺晶亮，花色素净，清香远逸，为难得的线艺瓣型素花。

7—7“银河” 云南·陈贵供照
此为云南省产之莲瓣兰银色中缟艺品。它那宽阔的中缟艺皓似银河之两岸，绿意盎然。

7—1

7—2

7—3

7-4

7-5

7-7

7-6

七、线艺类

7-8“银边莲瓣”云南·李亮成培育
此为云南西部云龙县境所产之银边艺莲瓣兰佳品。它为直立叶态，宽银边艺透叶基。堪为银边艺兰之佳品。

7-9“绿轮红”云南·孙智勇培育
此为云南省产之红莲瓣兰线艺花珍品。它的叶芽、苞片、萼片、花瓣之端部和侧缘均镶嵌绿色艺体，把朱红莛花衬托得栩栩如生，楚楚动人。

7-10“鳞波”云南·孙智勇，福建·许东生培育
此为云南省产之莲瓣兰蛇皮艺类线艺佳品。叶面上之白曙艺斑上，出现横向浪状绿色斑纹，汇聚成蛇皮状艺斑，十分秀丽。

7-11“皇袍”云南·张志宗培育
此为云南省产之绿莲瓣兰叶艺、花艺双优品。它的斜立宽叶为绀绿帽中透艺。花虽暂不具好瓣型，但从花瓣缘已开始异化看，有可能异化成水仙瓣。就现实而论，花各部均镶白缘，萼端泛绿晕，花瓣泛黄晕，红舌，多色交相辉映，已相当秀丽。

7-12“银界白仙”云南·孙智勇培育
此为云南省产之白莲瓣兰线艺水仙瓣花。它为斜立叶态，端部弓垂。叶出银边艺、银界艺，白莛着花3朵，花萼珠形，收根细，花瓣短阔，紧边，起浅兜，为难得的线艺水仙瓣花。

7-13“银缟丹鼎荷”云南·孙智勇培育
此为云南省产之莲瓣兰线艺荷瓣花珍品。它的叶片已出绿覆轮白中缟艺。花为正格荷瓣花。是难得之线艺瓣型花珍品。

7-8

7-9

7-10

7—11

7—12

7—13

八、奇花类

8–1“六顺奇” 云南·孙智勇培育
此为云南省产之莲瓣兰六瓣奇花佳品。它的唇瓣异化与花瓣相似而成阔瓣形六瓣奇花。萼片收根细，端钝圆，多色相映成趣。

8–2“玉龙春” 云南·张志宗培育
此为云南省产之莲瓣兰多萼多舌奇花佳品。奇特的是，双舌之下方增生一枚萼片也已唇瓣化。风韵不凡。

8–3“芙蓉” 云南·张志宗培育
此为云南省产之红莲瓣兰少捧奇花。花容仰天，似红莲出水，巧夺天工。

8–4“墨素菊” 云南·孙智勇培育
此为云南省产之莲瓣兰黑素奇花稀珍品。它的唇瓣异化成花瓣状，全花呈六角形菊花状排列，其合蕊柱也异化成小花瓣。造型别致，色彩奇特。

8–5“六角蓝莲” 云南·孙智勇培育
此为云南省产之莲瓣兰六瓣奇花。它的唇瓣异化成花瓣状，而成六瓣菊形奇花。花色秀雅。

8–6“蜡梅” 云南·李亮成培育
此为产自云南西部澜沧江畔之黄莲瓣兰奇花。它不仅花序异化成头状花序，莛顶聚生3～4朵花，而且其合蕊柱也异化、拔高并分裂成数朵菜花样小花，形如盛开的一串蜡梅花而为名。造型别致，雍容华贵，清香宜人。

8–7“大理绿菊” 云南·孙智勇培育
此为云南省产之绿莲瓣兰菊形奇花。它的唇瓣和捧瓣均异化成萼片状而成了六瓣菊形奇花。花色淡绿镶银边，色彩素净，脉纹明快，香气浓郁。

8–8“碧玉奇素” 云南·杨华培育
此为云南省产之绿莲瓣兰奇花素珍品。它除了花瓣、唇瓣异化成近似萼片状外，合蕊柱周围已增生2–4枚同色小花瓣。绿花镶白边，堪为难得之素心奇花珍品。

8–9“白雁南飞” 云南·和寿春培育
此为云南丽江地区产之窄叶白莲瓣兰少瓣奇花。它的中萼片和双捧退化，合蕊柱与唇瓣粘结成鸟身状。肩萼似飞雁之翅，形态别致，花色素雅，芬芳常溢。

8–1

8–2

8–3

8–4

8—5

8—6

8—7

8—8

8—9

八、奇花类

8–10“玲珑春”云南·金璐兰苑供照
此为云南产莲瓣兰多舌奇花。它红莛、红花柄，白花被披红彩、泛红晕，每朵唇瓣增生2～4枚。花容俏丽，清香四溢。

8–11“剑湖牡丹”云南·陈述新培育
此为云南剑川产之绿莲瓣兰多捧多舌奇花。花姿绰约，秀外慧中，香清气爽，沁人心脾。

8–12“龙头莲”云南·孙智勇培育
此为云南省产之莲瓣兰多捧多舌奇态奇花佳品。花朵形似龙头而为名。造型奇特，风采非凡，呈祥兆瑞。

8–13“仰天笑”云南·杨沛忠培育
此为云南省产之紫莲瓣兰少瓣奇花。它的中萼与唇瓣退化，花朵朝天而开，布局对称，风度翩翩。

8–14“黄雁南飞”云南·和寿春培育
此为云南丽江地区产之窄叶黄莲瓣兰少瓣奇花。因其造型似飞雁而为名。

8–15“碧龙宝莲”云南·李映龙培育
此莲瓣兰四朵藕色花集生于花序轴顶部呈球状排列，犹如擎天火球，十分别致。

8–16“碧玉奇素”云南·金璐兰苑提供
此为云南省产之莲瓣兰菊形奇花。它除了花瓣和唇瓣异化与萼片相近似外，其合蕊柱也裂变成菜花样的小花瓣，簇拥成团。

8–17“金菊”云南·孙智勇培育
此为云南省产之莲瓣兰黄色花。它唇瓣异化成花瓣状而成为菊型奇花。其合蕊柱周围还增生了数枚小花瓣，形态别致，雍容华贵。

8–10

8–11

8–12

8–13

8–14

8–15

8–16

8–17

八、奇花类

8–18“碧龙奇莲”云南·李映龙培育
此为云南省产之莲瓣兰桃红色六瓣奇花。曾获第十一届中国兰花博览会银奖和地方兰展金奖，并已正式登录。

8–19“剑湖奇”云南·陈述新培育
此为云南剑川县所产之菊形奇花。它的花瓣与唇瓣几乎异化成与萼片同形同色，呈等角排列，每个瓣基均有鲜红色筋向外辐射。花容落落大方，花色秀雅。

8–20“剑湖红菊”云南·陈述新培育
此为云南省产之红莲瓣兰菊形奇花。它之唇瓣和捧瓣均异化成萼片状而成了六瓣菊形奇花。粉红瓣基中心披挂鲜红放射状线段，使花容更加俏丽。

8–21“多花奇素”云南·孙智勇培育
此为云南省产之莲瓣兰多花奇素佳品。它花莛虽细圆，但却能大出架。莛花能多达10朵，难能可贵。且它肩平，捧瓣增多。雍容华贵，清香四溢。

8–22“奇莲素”云南·石纯尧、苏政权、苏光勋培育
本品为云南省产之白莲瓣兰素心奇花。它细叶斜立，端部弧曲，春节期间开出唇瓣异化成花瓣状、合蕊柱异化成许多小花瓣，集生于花心部的奇花。造型新颖，色彩素净，清香萦绕，曾获十一届全国兰博会金奖。

8–23“多舌彩莲”云南·孙智勇，福建·许东生培育
此为云南省产之莲瓣兰多舌奇花佳品。它唇瓣增生3枚，有时萼片也增生。风采不凡。

8–24“剑湖菊”云南·陈述新培育
本品为云南剑川县产之红莲瓣兰奇花。它花序异化成头状花序，即数朵多瓣多舌和少量花瓣唇化迹象的奇花集生于花序轴顶部，组成呈球状排列的奇花。构图别致，妙趣横生，令人神往。曾多次获省和全国兰博会最高奖。

8–25“剑湖菊”（特写照）

8–18

8–19

8–20

8—21

8—22

8—23

8—25

8—24

盛产莲瓣兰的云南独龙江河谷地带。云南 · 刘怡涛摄影

彩色照片索引

一画

三画

四画

五画

六画

七画

八画

九画

十画

十一画

十二画

十三画

十四画

十五画以上

内容提要

本书对莲瓣兰的艺术魅力、栽培史略，资源分布、形态特征、生态习性、种属分类、品质鉴别、繁殖方法、栽培管理、病虫防治和鉴赏诸方面均作了较系统的阐述。尤其是对于疑难病害的诊断与防治也作了新的探索，总结出切实可行的防治措施。全书内容丰富，有较独到的见地，融科学性与实用性于一体。并附有300幅精美兰照，以供对照和鉴赏。适于兰花爱好者、生产者、经营者和园艺工作者参考。

中国莲瓣兰名品赏培

许东生 编著

莲瓣兰

中国林业出版社

图书在版编目（CIP）数据

中国莲瓣兰名品赏培/许东生编著．-北京：中国林业出版社，2003.1
ISBN 7-5038-3310-6

Ⅰ．中…　Ⅱ．许…　Ⅲ．①兰科，莲瓣兰-花卉-鉴赏　②兰科，莲瓣兰-花卉-观赏园艺　Ⅳ．S682.31

中国版本图书馆 CIP 数据核字（2002）第 094633 号

中国莲瓣兰名品赏培

出版　中国林业出版社（北京西城区刘海胡同 7 号　100009）
E-mail：cfphz@public. bta. net. cn　**电话：**66184477
发行　新华书店北京发行所发行
印刷　中国科学院印刷厂
版次　2003 年 1 月第 1 版　2003 年 1 月第 1 次印刷
开本　787mm×1092mm　1/16　印张：5　彩插：80 页
字数　140 千字
印数　1～5000 册

定价　48.00 元

前　言

鄙人于中年时期，为了能多了解国兰，曾几度周游产兰大区，其间曾被株清叶秀、花大色雅、清香远逸的莲瓣兰所迷恋，遂生远播之心，但久久未能如愿。迄今虽能得以一试，但由于才疏学浅，条件有限，实践面不广，知之不多而常有困惑。幸得各地热心兰友，无私地赐教真知灼见，热情地赐供精美兰照资料，热情地精神鼓励、慷慨地给予物质上的关心，终于草就。尽管已经尽力，但谬误在所难免。诚请诸君直言不讳地批评赐教。

拙作之付梓，首先是与各地兰友的热忱关心与支持分不开，也与中国林业出版社有关同志的辛勤努力分不开。在此一并致以诚挚的谢意。

另外选刊于拙作上的300幅品种彩照，因条件所限，多数无缘见到实物。只能对已盛开之花照，尽可能客观地聊述管见。至于未绽开之花蕾照，开品如何不得而知，不敢妄言，待有缘一睹者，细细鉴赏。至于品种的命名、归类和简评，因鄙人见识短浅，未免有失偏颇，又无法广泛征求意见。如有冒犯之处，敬请品种拥有者谅解、海涵和批评，以期有缘再版时修正之。

许东生

2002年9月28日于寒舍

作者联系地址：福建省漳平市永福镇封侯村艺培兰园
邮政编码：364401　电话：0597－7882314

作者简介

许东生 福建省漳平市永福镇人。退休中学教师、科普作家、《中国兰花》杂志特约记者、《花木盆景》杂志特约作者。1999年被省科协列入专家信息库。

出身花果世家，尤喜探索兰花园艺，20世纪90年代初，开始发表关于寒兰的文章。1999年秋起，相继出版《家养兰花100问》《家养洋兰100问》《中国兰花栽培与鉴赏》《兰花赏培600问》《中国建兰名品赏培》《中国墨兰名品赏培》等书。现仍在为兰花奋力笔耕。

目录

第一章 株秀花雅莲瓣兰

在春兰、蕙兰、春剑、墨兰、寒兰、建兰六大国兰之外，那适应性强，株叶清秀，迎春而开，花似莲花，色泽秀雅，味馨幽远的莲瓣兰，驾驭着时代的春风脱颖而出，给人们的生活凭添了秀丽、温馨，使处所呈现出吉祥、喜悦的氛围。因此，她犹如秀外慧中的天使，博得了人们的珍爱。

第一节 莲瓣兰名称的由来

莲瓣兰名称的由来有两大因由：其一是因她的花朵形似莲花（即荷花），遂而称其为莲瓣兰。

莲瓣兰原产于云南，而云南各族人民，自古大多数崇信佛教。佛祖、观音，在人们的心目中，是至高无上的。在莲瓣兰的主产地——滇西地区，更是这样。仅滇西剑川县石钟山的石窟中，就有“阿嵯耶观音”“怒面观音”“甘露观音”等众多观音像；大理境内的“观音塘”“观音阁”“观音寺”等比比可见。而观音佛像之底座则是盛开着出于淤泥而不染之莲花，因而莲花就成了圣洁之花、吉祥之花。人们把这个介于春兰与蕙兰之间，花瓣形如莲花瓣的兰花，称为“莲瓣兰”，正是对这个被誉为空谷佳人的兰花的盛赞和尊称。

再者是，“莲瓣兰”之花期，恰好在春节期间，“莲瓣兰”，用当地方言讲，听起来，像是“年拜兰”，与习俗之“拜年”正好是谐音。因而称为“莲瓣兰”，便赋予了更丰富的文化内涵。

事实上，“莲瓣兰”之称，并非现代人的臆造，而是有其确凿之历史渊源的。明代永乐十年（公元1412年）杨安道先生的《南中幽芳录》中共详介了38个珍稀兰花品种，其中就有“碧玉莲”“金丝莲”等。到清代光绪年间的《续云南通志稿》中，便有了“白莲瓣”“绿莲瓣”等称谓，新中国成立前，已有了“白莲瓣”“红莲瓣”“绿莲瓣”“麻莲瓣”“藕色莲瓣”“黄莲瓣”和“朱丝莲瓣”等等，沿用至今。

这个约定俗成的称谓，终于被兰花学者界认可。兰界泰斗吴应祥先生，为其编定了拉丁学名，并于1991年夏出版的《中国兰花》中，正式把它列为第二类中国兰花介绍。

第二节　莲瓣兰与春兰有何异同

莲瓣兰是介于春兰与蕙兰之间的一个兰种。似是线叶春兰中的一个变种。传统上，曾把它与春兰朵香并列为一类。直至兰界泰斗吴应祥先生于 1991 年 6 月出版的大作——《中国兰花》上，正式把莲瓣兰排列于春兰之后，编定了拉丁学名，专类介绍。

因莲瓣兰的株形叶态颇似春兰，在非花期，株叶似乎一样；它们的花期又都在冬末和春季；花香亦都很富足，但它们之间仍有些细微之差别。

①叶态不同　莲瓣兰的叶比春兰更狭长而弯曲。春兰叶宽 1.0～1.5cm，长 20～40cm；而莲瓣兰叶宽仅有 0.4～0.8cm，长却有 30～50cm。春兰叶片的中段较宽些，而莲瓣兰的叶片呈带形，中段不加宽。

②株叶数量不同　莲瓣兰的株叶数量较多，株常有 6～7 片，有的可多达8～9 片，甚至更多；而春兰的株叶数，常为 4～6 片。

③花期不同　莲瓣兰的花期较早些，一般是 1～3 月开花，即易于春节期间开花；春兰花期常比莲瓣兰迟一个月许，多在 2～3 月即春节、元宵后开花。

④莛花数量不同　莲瓣兰莛花朵数比春兰明显要多，莛常开 3～5 朵花，春兰，绝大多数莛仅开一朵花，极少数品种，可莛开 2 朵花。

⑤花径大小不同　莲瓣兰和春兰的小花直径虽然均为 4cm，但大花的直径就大相径庭。莲瓣兰的大花直径为 6cm，而春兰的大花直径仅 5cm。

⑥萼形不同　莲瓣兰的萼片为三角披针形，而春兰之萼片呈狭矩圆形，萼端急尖或钝尖。

⑦捧形不同　莲瓣兰的捧瓣短而宽，且向内曲，有红色脉纹；而春兰的捧瓣为卵状披针形或蚌壳形，其基部中央有紫红色条斑。

⑧花主色不同　莲瓣兰的花色，以白色为主，略带红色、黄色或藕色，脉纹较明显；春兰的花色，以黄绿、绿白色为主。

第三节　莲瓣兰的栽培史略

据考，明代永乐壬辰春（公元 1412 年），喜洲隐逸的白族文人杨安道先生所著的《南中幽芳录》中，曾另辟一章述曰：“洪武癸酉年（公元 1393 年）春，宝姬建兰苑于点苍山尖底峰脚，中岳溪北，植南中名兰百余种。苑成，广罗幽兰于苑内，并携童子走遍三迤巨川，遍寻兰蕙。这说明远在 15 世纪初，位于滇西之大理西北部的点苍山就有人建兰苑，植当地名兰百余种，并邀众人走遍滇东、滇南、滇西各地，寻采野生兰花。而她所建兰苑恰在盛产莲瓣兰的滇西点苍山。因而所种养的许多兰花品种，肯定有不少是莲瓣兰。以此推断，在宝姬建兰苑之前，在滇西各地，很有可能，早有零星栽种兰花的人。不然一个隐居于大理点苍山下，被誉为“点苍七贤”之一，善作诗词歌赋的女诗人宝姬，哪里会如牧童、樵夫、猎户那样，熟悉深山老林，而有缘被清香四溢的兰花所打动而采种。多半是她曾看过邻近人家种植的兰花而油生爱心的。这也可说明，在她建兰苑之前，滇西一带，早就有人种植兰花。

此后，采集野生兰苗的人，自然是间或有之。到了清代，还有人把采来的野生兰苗运抵城镇销售，兰苗便成了商品。随之，品兰、选种好兰的人，也逐渐增多，选出的远胜于早期名品朱砂兰的新品，也曾与广东、广西、福建等省进行交流。

不过在旧社会，科学技术及栽培设施尚很落后，兰花这种高雅的观赏植物只能仅是达官贵人、文人墨客和个别爱好兰花的山农有零星种植，并不可能像今天这样的民间种养热潮。只有在我国改革开放后，国民经济有了长足的发展，人民的经济、文化生活水平的不断提高，兰艺活动才得以蓬勃发展。

据有关书刊报道，莲瓣兰的资源开发，佳品、珍品的选出，是20世纪80年代末，开始掀起热潮的。可喜的是，由于莲瓣兰的非凡魅力，加上弄潮者把握住机遇，稳扎稳打，使这股热潮滚滚向前，迎来了一个又一个的美好明天。

第四节 莲瓣兰的魅力

中国地生根兰花，具有顽强生息、乐于奉献；善于自律、和睦相处；不求索取、洁身自好；乐于群生，团结奋进；常绿战寒暑，刚柔寓大度；素雅人格化，含情而理智的超凡脱俗之风韵。它同时具备着清香宜人；异彩迷人；叶美诱人；雅态动人；神韵感人；药效可人；身价喜人的七大非凡魅力。被列为七大类地生根兰花之一的莲瓣兰，毫无疑问地饱含有中国地生根兰花共有的风韵和魅力。除此之外，还具有独特的五种魅力：

一、花大瓣阔

众所周知，莲瓣兰在四种春花类地生兰中，与春剑兰同样为花大瓣阔的种类。而莲瓣兰的萼片为三角状披针形，花瓣短阔而内曲。风采别具，内涵丰富，令人珍爱。

二、花色秀丽

在7大类中国地生根兰花中，莲瓣兰虽不是花色最丰富的种类，但它常能以白色为主色，其间间泛多种色彩晕纹，格外秀雅美丽，而且它不仅仅是色彩对比鲜明，清新自然，洋溢秀丽，令人倾倒，而且花色的稳定性极高，此为中国地生根兰花中所独具之性能。

三、善解人意

在中华民族心目中，最为重大的节日，自然是一年一度辞旧迎新的春节。在家的人，都会早早准备，适时打扫卫生，布置环境，操办食品，迎接外出拼搏的亲人回来团聚。而远在异地拼搏的游子，只要能够回家的，都会想带些最能烘托节日气氛，同时也最时髦的年花。可是在国兰中多数人，只知道，俗名为“拜岁兰的墨兰，独能在一年一度的春节期间，献艳送芳，呈祥兆瑞。这是由于以往，甚少对外宣传推介莲瓣兰之故。事实上，莲瓣兰的自然花期，恰在1～3月，多数能自然在春节、元宵期间献艳送芳，而且谐音年拜兰，吉祥呈瑞。这样，风韵不凡、善解人意的莲瓣兰，不仅成了墨兰的伴侣，而又弥补了墨兰香气欠足的遗憾，堪称上乘之年花。

四、花姿多变

莲瓣兰不仅和其他六大类地生兰一样，会有多种多样的奇花和蝶花，而且开奇花和蝶花的概率比它类兰花高，尚且莲瓣兰的花，奇得更别致，唇瓣化的形式史无前例，堪为兰中之冠。这一点不仅可以从许多近期的兰著中得到印证，也可以从本书的彩页部分略见端倪。

五、适应性强

莲瓣兰原生于冬冷夏热的高海拔山野，养成了它有较强的耐寒力和适应力。据有关报道和四方兰友反映，莲瓣兰，不论是被种于祖国的东南西北中，还是被海外引种的，不仅都能养得好，而且也能应期献艳送芳，确实是易栽、易养、易开花的好兰花。

第二章 莲瓣兰的资源、利用与保护

第一节 资源分布

据有关报道和多方调查而初知，莲瓣兰喜生于低纬度，高海拔，多季风，并具：高山、峡谷、平地并列；江、河、湖泊、瀑布交错；乔木、灌木、杂草间长；腐殖土、碎石、红壤松结的雨量充沛之季风气候区。其产地，冬春，山顶白雪皑皑寒彻骨，山腰雾气茫茫暖似春；山脚北风呼呼草凋零；夏秋，山顶云雾缭绕，阴天蔽日，山腰阳光和熙，万物峥嵘；山脚流水淙淙，热气腾腾。而位于我国西南边陲的云南省西部，地处东经 98°～101°，北纬 24°～28.4°，处于亚热带南部与热带北缘，平均海拔 2 000m 许，高山海拔达 3 000m 以上，为低纬度高海拔的高原地区。青藏高原从西北方向延伸入云南；云岭横断山脉，由北向南纵列而下，从缅甸西北部的孙布拉蚌向东到滇北丽江地区的永胜，自北而南，有迈立开江、恩梅开江、怒江、澜沧江、金沙江等五条江河劈山而下，奔腾千里。北南走向的高黎贡山、怒山、云岭雪山高耸入云，碧罗雪山、白茫雪山、玉龙雪山、点苍山山顶白雪皑皑，雪凝雪化，形成了万千溪流湖泊，瀑飞涧涌，水雾腾腾；山腰草木繁茂；山脚流水淙淙。终年雨水充沛、阳光和熙。正是这得天独厚的自然条件，孕育了莲瓣兰。

迄今已发现，莲瓣兰的分布，多集中于怒江、澜沧江、金沙江流域。具体分布于大理白族自治州的云龙县、魏山县、洱源县、鹤庆县、剑川县、永平县；怒江傈僳族自治州的贡山县、福贡县、兰坪县；保山地区的保山市、昌宁县；迪庆藏族自治州的维西县、中甸县；丽江地区的丽江县，以及临沧地区、德宏傣族、景颇族自治州及曲靖市之部分山野。

此外，据有关报道和调查证实：与滇北接壤的四川西南部以会理县为中心的各地；与滇东北接壤的贵州西部、西南部；与滇东南接壤的广西西部、西南部；与滇西北接壤的西藏东南部等，均有莲瓣兰散在性分布。

至于与云南接壤之邻邦缅甸、老挝、越南，其连接带也会有莲瓣兰的芳踪。

兰花的种籽细如粉尘，极易随风远播。凡落到与其原生地的生态条件相近似的地区，多少总会萌发新株。再从与云南接壤的邻省，都曾屡屡发现莲瓣兰看来，金沙江以东各地，尤其是滇北和滇东之无人涉及的边远山野，亦会有莲瓣兰分布，只不过、可能因生态条件没有滇西北那样好，量少些而已。

另据闽北兰友电告，在福建的武夷山也曾发现有莲瓣兰分布。但因既无足够的依据，也无条件亲往踏勘、采集标本，本不想在此一提。后读到陈心启、吉占和合著的《国兰洋兰 300 问》中的第 24 问提及，莲瓣兰产云南和台湾。因而推断，与福建大陆仅一水之隔的台湾既有产莲瓣兰，福建的武夷山的生态条件与滇西相近似，亦十分可能有莲瓣兰分布。微如粉尘的莲瓣兰种籽，更有可能是经福建传播到台湾的。

第二节　资源的利用与保护

兰花资源的利用与保护，从表面上看是相对立的。往往有人会简单地认为，利用就无法保护，要保护，就要避免利用，把它们看成两个不可调和的矛盾。其实，这是形而上学的认识论。事实上，相互矛盾着的事物，既是相互排斥，而又是相互关联的。只要善于把握住相互关联的环节，抓住契机，就能有机地统一其相互对立的两面，也就能在这个统一的进程中，推动事物的运动和发展。

自然界里存在着的宝贵资源，是对于人类可利用的价值来说的。只有利用，才能体现资源的价值。有了价值，才有保护意识的产生和保护措施的落实。兰花资源也同样如此。在没有被人发现和开发时，只能任野火烧、野兽糟蹋和自生自灭，还会不可避免地随着毁林改种、乱砍滥伐、矿藏开采、山地利用而灭迹。谁也没想到要保护它。只有被有识之士发现而开发利用，显现了价值后，才萌生了多方面保护的必要，以及提高资源的利用率等方面的努力，而间接地保护它的措施才能进一步得到落实。这就说明了，资源的开发利用和资源的保护，既是对立的而又是统一的关系。

那么，应如何捕捉住开发利用的契机，在促进保护措施的落实的同时，推动其发展呢？现试谈管见如下，望能成为引玉之小砖。

一、尽快立法

各地兰协应尽快呼吁当地政府，尽快出台“兰花资源开发保护法规”，以让大家有法可依。

二、强化管理

有了法，首先要做法的宣传工作，力争达到家喻户晓，人人皆知，以提高守法的自觉性。与此同时，顿请当地政府把维护法规的重任交与林业部门和资源保护区管理办。责成林业及海关检查关卡严格堵截未经驯化选种的野生种苗批量外流，以扼制洗劫性的滥采乱挖。

三、提倡采育结合

各地兰协应切实负责组织采集者，定期、定点、定人、定量统一行动，间采野生种苗或选采需要的良种。以杜绝随心所欲，洗劫性采挖、批量贩运外流的现象。同时规定，每个采集者应上缴一定量的野生或家养的兰花果实。由兰协负责收集，组织上山回播，以拓展资源。

四、创立自然保护区

由当地兰协策划，并向当地政府申请批准、创立兰花资源自然保护区。以保证兰花种质的稳定与种间自然杂交，有个良好的天然生态条件，使之成为永不枯竭的资源地。

兰花资源自然保护区，应严禁群众采挖种苗。只能由兰协组织相关专业研究人员选采标本，或作为繁殖的母本之用。

五、开拓生产基地

各地兰协应建立股份制生产基地：一是大批量驯化野生种苗，优选良种，扩大生产；二是加强兰艺探索研究，提高莳养科技含量，提高分株繁殖率，大搞有性杂交繁殖，采用无菌育苗。有条件的，也可搞组培育苗。生产大量优质种苗供应市场，并优惠供应会员和当地群众作母本。三是生产效益，应抽取部分应用于兰花资源自然保护区和林业检查站的费用，也应有一定的收益比例，应用于群众性的福利事业。因为兰花资源是共有的，不应该被部分人所垄断，所以应该回报社会，以创建人和的氛围。

第三章 莲瓣兰的形态特征

第一节　根

莲瓣兰是介于春兰与蕙兰之间的一种地生根兰花。它的根和其他种类的地生兰一样，由根被组织、皮层组织和中心柱构成。根被组织俗称根皮，是由多层根被细胞呈辐射状排列而成。可吸收水分、养料和保护皮层组织的作用。通常，根被可有真菌寄生，可供菌丝体繁衍生息。皮层组织，俗称根肉，是由活的皮层细胞构成的。其间含有大量的针状结晶体，也有少量的叶绿体和共生兰菌丝。这里是共生兰菌贮藏养料的地方，而根细胞则从此处吸取营养。中心柱处于根的最中心部位，俗称"筋""梗""根芯"。中心柱的最外层为内皮层，它与皮层组织（根肉）紧贴。内皮层细胞上的凯氏带很发达。紧贴内皮层的是维管束鞘，它含有韧皮部和木质部两个部分。韧皮部的外周为厚壁细胞，有加强根强度的作用；木质部的外周，则为薄壁细胞，可运输水分、养分的功能。由此看来，中心柱的作用并不小。因而在株根少而短的情况下，在处理干瘪根、断根和腐烂根的时候，不应把这些废根剪除，而应只剔除其根被组织（根皮）和皮层组织（根肉），而保留住中心柱（根芯），然后选用500～800倍液的真菌与细菌并杀之广谱、高效杀菌剂（如美产高效杀菌剂"可杀得2000"），并混入250倍液的食用米醋浸泡病残根芯，15～30分钟后，捞出、洗净、晾干上盆。实验对比发现，这种病残根的根芯（中心柱），不仅能起到固定植株的作用，而且还有微弱的运输水分、养分的作用。由此看来，保留病残根芯，有益而无害。

以上所述的根，是从兰株的假鳞茎底部长出的根，应称为"茎生根"。由兰花种籽直接萌发而成的小苗，为实生苗。实生苗底部中心处之根，称为"实生根"。由于此种根的形态常扭转，又附有如碎米粒大的晶亮小菌瘤，形如龙鳞，而俗称为"龙根"。它起着分化养料和保证实生苗的给养的作用。又是鉴别实生苗的惟一标志。

莲瓣兰的茎生根的构造与功能，与其他地生根兰花茎生根相同。但它无主侧根之分，通常也无分叉根。根直径为3～10mm，长为15～30cm。根色乳白或呈淡茶色。根尖常是雪白而晶亮。

第二节　茎

莲瓣兰的茎也和其他各类地生兰一样，有假鳞茎和根状茎之分。

莲瓣兰的假鳞茎如同其他地生兰的假鳞茎一样，茎顶是着生叶片的地方，茎基侧和整个鳞茎是连接叶鞘（叶甲）之处，而茎基周围，又是萌生叶芽和花芽的地方。其茎底，便是长根的地方。它通常为近似葫芦形，略扁圆状，基部稍大些，稍上便逐渐缩小。但茎形也不是千篇一律，常因品种而异，有的呈长圆柱形，有的呈圆锥形。茎径约为 3～12mm。

假鳞茎是储藏水分和养分的仓库，是兰株的大本营。它的表皮外部具有厚而光亮的角质层，表皮内有很多薄壁细胞和许多维管束。维管束外部由许多纤维组织组成，其内部是中空的导管，起着运输养分和水分的作用。

根状茎是假鳞茎与假鳞茎之间极短的连接体。根状茎因全长于基质里而称为“地下茎”。它如遇石块、硬土、树根、盆壁的阻挡，便会本能地延伸至适宜处萌发新芽。这种延伸的地下茎，状如茅根，也似小竹的茎根，通称为“竹根”。也曾被谎称为“龙根”。其实它与实生苗之“龙根”，不论是形态和实质，都有显著的区别。

第三节　叶

莲瓣兰的叶片也和其他地生兰一样，只能从假鳞茎顶端或龙根上，一次性相继长出，逐步发育成熟，此后便不能从叶心部再长出叶片来。因而古人有“惜叶犹如惜玉环”之说。玉环指杨玉环，即杨贵妃。由此可见，古人是多么地重视保护兰花叶片的。

一、叶芽

实生苗之叶芽是从龙根上长出的。分蘖苗的叶芽是从叶柄脊正对下的假鳞茎基部长出的，或从无遮挡的假鳞茎外侧基部分蘖出的。开始仅是碎米粒大小的芽眼，逐步发育成具有 3～5 片鞘叶，紧裹或扁筒状的白色芽。接着继续发育伸长，露出基质面。当伸出基质面 3～5cm 长时，便有 20 余天的滞长期。此间，正是其母株的花原基形成期，又是新叶芽之长根期。

当叶芽的根长出 2cm 长时，叶芽便有了半自给的能力，进入继续伸长，继而叶片从叶鞘里相继伸展。约经过 3～4 个月的生长发育，便基本发育成熟，成为健壮之新株。

二、叶鞘

叶鞘，俗称叶甲、鞘壳、包脚、叶裤等。起着支撑、保护嫩叶的作用。它的质地厚薄、软硬；结构紧凑、松散；形态长短、圆尖、歪正、拼套、褶曲；色泽：鲜亮、晦暗、纯色、间彩。晕纹的长短、粗细、浓淡、间色、变色等等，不少与种质有着内在的联系，但也会受外在条件的影响而异化。其规律性，不易掌握，需反复地观察验证，不断探索，逐步提高。通常认为，颜色单一，无间杂，鞘体质糯、透亮、筋纹通顶的，有可能是单色素花；鞘尖细锐、鞘体抱生、结构紧凑、鞘质厚硬的，有可能是瓣型较好的花；鞘色间泛、色泽鲜亮的，有可能是佳色花。不过，这些准确率也不高，仅供参考。

三、叶数

叶数是指一株苗的叶片数量。莲瓣兰通常的株叶数量为6～7片，有的可多达8～12片以上，但多数株叶为7片。这是鉴别是春兰还是莲瓣兰的一个重要标志。

不过也不能光凭株叶数量来判定是否莲瓣兰。因为莲瓣兰的株叶数量并不是固定不变的。如，有的莲瓣兰的莛花数仅1～2朵，它的株叶数，也往往不及7片，不少是3～4片，甚至还会仅有2～3片的。有的也会因管理不善、长势趋弱，而株叶数锐减；有的也会因遭受病虫侵扰，长势趋弱而株叶数骤减；有的也会因折散单植、长势衰退而株叶数阶段性减少。

四、叶柄环

叶柄环指自假鳞茎往上量，约于3～9cm处，有如线挂面粗的浮凸晶亮体。其上为叶片，其下为叶柄。此叶柄环，要在叶片发育成熟时才逐渐显露。莲瓣兰多数不具叶柄环，仅一些杂交品种中有这种叶柄环。因此说，叶柄环之有无，也是鉴别是否莲瓣兰的标志之一。

杂交种，如无叶柄环，或有2～3套迭者，侧有可能是奇花的特征。

五、叶幅

叶幅是叶的宽度。莲瓣兰的叶幅，通常为0.4～0.6cm；微型品系的叶幅仅有0.15～0.2cm；阔叶品系的叶幅，可达1.2～1.8cm。

六、叶长

莲瓣兰的叶片长度，通常为 32～50cm，矮种仅有 3～5cm 长。特高品种的叶片长度可达米余。

七、叶脉

莲瓣兰的叶脉也和其他类别的地生根兰花一样，为平行叶脉。通常主脉（中脉）粗而亮，但也有细而不很明显，也有随叶片的发育而逐渐明显起来的。侧脉细微，新嫩叶多不易见到侧脉，随着叶片的发育，才逐步显现。叶脉的粗与细、亮与暗、明与隐及显现之先后或同时，也可以作为鉴别品种的参考。爱好者不妨多留意观察，总结出些规律来。

八、叶齿

兰花叶缘上，多数具有小锯齿状之叶齿，也称叶茅。莲瓣兰通常都具有细微的叶齿，但叶齿存在的形式各异。有的仅叶端部有叶齿，有的仅叶基部有叶齿，有的整片叶缘都有叶齿，有的连叶端背的主脉骨上　也长有茅刺。叶齿的粗细、钝锐、疏密也各不相同。一般细而锐的，花品较高，花香也不错；粗锐的，花品较普通，但花香不错；疏密粗细不规则相间的，多为奇花品，花香平常；叶端两缘和叶端背的主脉骨上均为锐利感的，为“三面利’，也称“三面刺”，其花多极香。不过，这些仅是局部的指征，还需要多方面综合判别。尚且花的香气还会受光照量等多方的外界条件影响而增减，因而并不能仅凭叶齿的性状而认定。

九、叶尖

莲瓣兰的叶尖，也和其他地生兰一样，有多种多样的情态。通常为顺尖收尾，其尖部约占总叶长的 1/5 许，其尖部占总叶长 2/5 的，为长尖，多见于瓣型花；尖部约占总叶长之 1/10，尖端又圆钝的，为钝尖，常为阔瓣花；叶尖钝圆而有一半高一半低的，为阴阳嘴，也称“海豚嘴”常为奇蝶花之期待品；尖端上长有 0.5cm 许长，如缝衣针样细的白刺的，常为高品位之素花品种。但这仅是一局部的鉴别特征，还是参考其他特征，综合权衡。

十、叶色

莲瓣兰的叶色，在生长正常的情况下，有浓绿、青绿和青黄，稍有光泽。不过，叶色会因肥料、光照、湿度、温度、叶龄等方面的影响而有所变化。

十一、叶态

莲瓣兰的叶态，有直立、斜立、弧垂、环垂、扭卷各种。以斜立和弧垂叶态的占大多数。不过，叶态也会因光照、肥料、温度和外界力的影响而有所变化。

十二、叶艺

莲瓣兰既为地生兰的一大种类，它自然会如其他类的地生兰一样，有矮种、奇叶、线艺、水晶艺、图画斑艺和综合艺。甚至有些花被上也会和其他地生兰一样，有爪艺、覆轮艺、斑缟艺、水晶艺、图斑艺。只是目前开发的深度不够，致使深藏在远山的佳品，尚未露面而已。从已发现的莲瓣兰中，以爪艺、覆轮艺、缟艺等较多，而中透艺偏少，斑艺也不多。花被上有线艺的也甚少，水晶艺、图画斑艺尚甚少出现。

第四节　花

一、花莛

花莛俗称："花箭""花枪""花杆""花茎"等，通常由假鳞茎基部生出，也有个别的是从鞘叶里生出，甚至还有从心叶间长出的。莲瓣兰的花莛长达 20～40cm，普遍低于叶丛面，属于花不出架的范畴，但也有部分品种的花莛能高出叶丛面，为出架大花品种。

在花莛的下部有鞘片，俗称壳或包衣，它为保护花蕾的器官。这鞘之脉纹清晰、色泽单一，有可能开素心花。脉纹的色泽与花色相关，可作为认定品种的参考。

二、花序

花序是指花朵在花莛上部的排列方式。

莲瓣兰既列为中国地生兰花，自然也为总状花序。但兰花的总状花序，也并不是一成不变的。近代已发掘出了不少离宗别谱的异化花序。如：轮生花序、伞形花序、圆锥花序、头状花序等等。可能是由于开发的深度不够之故，莲瓣兰花序的异化，比起其他种类兰花来，相对较少，但近年也发现了，如"剑湖菊"的头状花序等。

三、花轴

花轴实指花莛上部着生花朵的部分。花轴的长短，依品系和生长条件而别。莛花多的莲瓣兰它的花轴就长，相反，莛花朵数少的，其花轴也就少。

四、花梗

花梗，俗称“花柄”。是指花朵与花轴的连接部分。

五、苞片

苞片是指花梗基部与花轴相连的地方，生有的一枚叶片。它起着保护花蕾的作用。它的色泽与花色几乎是一致的。

六、花朵

莲瓣兰的正常花朵也和所有中国地生根兰花一样，由外轮的 3 个萼片、内轮的 3 个花瓣和 1 个雌雄同体的合蕊柱所组成。

1. 花萼

处于花朵外轮的 3 片花被为花萼，也称萼片。处于正上方（最顶上的）的一片，学名为中萼片，古兰籍称其为主瓣，俗名“主萼”“顶萼”。双侧对称的萼片，学名为侧萼片，古兰籍称其为副瓣，俗名为“肩萼”“肩瓣”。

中萼片处于合蕊柱之上，其所在位置正中，姿态端庄者，传统认为观赏价值较高，如能微微前倾者，也被认为富有内涵，韵味较高。其实，其它多种多样的姿态自然也会有其象征意义，这也正是兰花姿态的多样性，具有丰富的内涵。

侧萼片也处于花朵的外轮，在中萼片之下的左右侧，正好与花瓣下缘相紧邻。两个侧萼片，排列在同一水平线的（指侧萼片的中线）称为“一字肩”或“平肩”被视为上品；侧萼片向上翘起，如雄鹰展翅状者，称为“飞肩”被视为奇品；双侧萼微下垂，约构成 110°角者，称为微落肩；双侧萼大幅度下垂，构成小于 110°角的，称为落肩。这两者，均被视为下品。其实，这种品评方法有一定局限性，有时容易造成一丑遮百俊的效果，因此笔者认为，应综合各个部位的优劣全面品评。

如果双侧萼均成垂直下垂，如人之直立双脚的，称为“对峙肩”；双侧萼的一左一右侧相黏贴成一体的，称为“合肩”；双侧萼下垂而又交搭（交叉）的，称为“剪刀肩”“燕尾肩”。这些离宗别谱的奇异形态，丰富了花形的内容，别有情趣。

萼片，为品评兰花品位的关键部位之一。

2. 花瓣

花瓣指位于兰花花朵的内轮之中，处于3萼片之内的3枚比萼片短而宽的片状组织。

处于合蕊柱左右侧的花瓣，被称为“捧”或“捧心瓣”。它为品评兰花品位的关键部位之一。

处于合蕊柱下方的一枚变体花瓣，形态与色泽常与捧心瓣不相同，形若嘴唇或舌头。学名“唇瓣”，俗名“舌”。

唇瓣的各种形态与着色，也是品评兰花品位之重要方面。有的唇瓣面上尚有极短而不甚明显的茸毛，被称为“苔”。苔以鲜糯、色泽对比鲜明、分布规则为上。

3. 合蕊柱

兰花的关键繁殖器官——雌蕊与雄蕊合生成一体的蕊柱。俗称“鼻”“花鼻”“鼻头”。合蕊柱位于中萼片之下，唇瓣之上，两花瓣之中，形如稍向前倾的扁圆柱。朝向中萼片一侧，为圆弧形；向唇瓣一侧呈平面状，或广弧形。蕊柱的顶端有一枚花药，发育分裂成两对花粉块，其上生有淡黄色的药帽。蕊柱近顶端处，生有一凹状之药腔，是进行授粉之处。

在合蕊柱内，花粉发育成花粉管。由生殖细胞产生的精子，通过花粉管与胚囊中的卵细胞结合，然后不断发育，使子房相应膨大，长成果实。

4. 蜜腺

据金德荪教授对兰花花朵的解剖，发现合蕊柱近药腔处有大量的油细胞。而这些油细胞供应雄蕊生长花粉管的营养物质，而花粉管与子房相通。油细胞在日照下产生的营养物质除供应雄蕊生长花粉管外，其多余的部分，将通过花粉管流向子房，营养滋润子房。当子房也达到营养饱和时，就从子房基部和苞片基部排出体外。这种排泄物就是花蜜，花蜜的芬芳足以引诱昆虫传粉。

莲瓣兰也和春兰一样，在苞片的外侧，有时可见到“多余物质”的排泄——蜜露。而这种蜜露的排泄时间，据观察，多在上午10:00和下午7:00许。蜜露排量的多少、有无，与植株的长势、肥料的丰俭、光照的强弱、气温的高低、日夜温差的大小、水分的多少等，均密切相关。

第五节　果　实

兰花花朵一经受精，处于花朵之下的子房便逐渐膨大，长成绿色，有棱之棒状体，即蒴果。它约需1年左右的时间发育，果色由绿转为青黄才算成熟。由于莲瓣兰的种子与其他地生兰一样细如粉尘。每个蒴果里，包藏着上百万粒小种籽。因种子异常微小，不易保存，以成熟时适时采收，即时播种为宜。

第四章 莲瓣兰的生物学特性

第一节 莲瓣兰的生长习性

一、较耐寒而不耐高温

莲瓣兰主产于亚热带南部与热带北缘之低纬度高海拔的高原地区，处于来自印度洋的西南风和太平洋的东南季风之交汇地带。当地既具有温和、湿润、雨量适中的气候特点，又同时具有高寒、温暖、闷热的气候特点。该地区的气候垂直变化明显。冬季最冷时的平均气温低达零下 7℃，夏秋最热时的平均气温仅有 16℃左右。主产于气温偏低之滇西和滇西北的莲瓣兰，饱受偏低气温的熏陶，养成了比其他类地生兰，更具耐寒性的特点。

同时，虽然滇西和滇西北的地形地貌复杂多变，其间亦夹有许多低海拔的河谷地带。但那里大小河流、瀑布、涧泉纵横交错，云雾、水蒸气弥漫，气候仍然是温和的。因此说，莲瓣兰几乎没有耐受过高温的煎熬。

二、较耐荫而不耐日灼

由于莲瓣兰之生长地植物非常繁茂，植被良好，雨量适中，空气相对温度适宜，养成了它较有耐荫性，另一方面它的叶质也相对较薄，角质层同样是薄的，因此，它不能像建兰、蕙兰那样耐受强光灼烤，而要有适当的遮荫。

三、喜成簇连体忌拆散单植

莲瓣兰在野生时，也和其他地生兰一样是世代同堂，成簇而长的。就莲瓣兰的株体来说，假鳞茎小，叶细长而薄，拆散单植，便失去了同舟共济的条件，易因洒水、鼓风而倾倒，也易因势单力薄而减弱抗争力。所以忌过分拆散繁殖，2～3 株连体丛植，比较稳妥。

四、适应性较强，但不能疏于管理

莲瓣兰原产于气候多变的高原地带，养成了它具有对多种气候适应的基础。再从莲瓣兰的株体结构看，它的根系粗旺而圆肥；叶片气孔下陷，又具角质层，有光泽度；又有葫芦状的假鳞茎；这些都可推断它具备了对空气湿度偏低、供水不规律的气候条件有足够的抗争力。

这些生长习性，可以从近十余年来，我国东北和西北冬春酷寒而空气干燥，夏秋炎热而少雨地区陆续引种成功得到证实。南韩和日本均大量引种成功。就是在冬春温暖、湿润，夏秋酷热、多雨的东南亚地区和国家也已引种，在人工创造了与其原产地基本相适宜的生态条件下，都能生长良好，应期献艳送芳。但它的抗逆性自然也是有限度的，绝不能因其有较强的适应力，而不去创造与其基本适应的生态条件，或疏于管理。说实话，引种地的生态条件与原生地的生态条件相差愈大，就愈要加倍认真管理，这样才能如愿以偿。

第二节　莲瓣兰的物候期

通常，莲瓣兰也和其它地生根兰花一样，在仲春从气温日益回升的 4 月开始，相继分蘖叶芽。当叶芽伸出基质面 2～3cm 时，便有个 20 余天的缓长期，或曰滞育期。此时，其母株，暂停对新芽的供给，集中全力形成花原基；叶芽得不到母株的供给，无从营养生长，而只好顽强地争取自立，开始长根。约近月许，叶芽已长有 1～2 条 2～3cm 长的嫩根，有了半自给的能力，在母株的扶持下，叶芽又相继伸长、展叶。大约经过 5 个月许的营养生长，新株已发育成熟，营养生长日趋减缓，直至休眠。生殖生长随之日趋活跃，10 月中旬后，花芽陆续露出基质面，约经 2 个月左右的生长发育，于 12 月后，至翌年的 1～3 月相继排铃，依次开花。

莲瓣兰的花期既因品种而异，也因长势、气温、光照、外界力的不同而有先后。早的，可在 12 月开花；迟的，可在翌年 3 月开花；个别的，4 月还有花开。但多数在翌年的 1～2 月开花。同样，它叶芽的分蘖期，也会因花期、气温、光照、外界力的影响而有先后之别。

第三节　莲瓣兰的生态需求

一、对温度的需求

莲瓣兰的生长适温为 14～26℃。它的耐寒力较强，只要不低于 -5℃，即使有短期的积雪覆盖，不仅能照样生存，而且也能照样开花。不过，冬季休眠期的室温，还是以 6～12℃ 为宜；夏季以不超过 27℃ 为宜，它在 28℃ 以上，几乎不再生长。这是指白昼的温度，夜间的温度力求比白昼低5℃左右，以减缓它的呼吸作用，降低营养消耗而利于积累。

值得注意的是，冬季的室温倒不宜过高，过高了反而不利于开花和生长。

二、对光照的需求

莲瓣兰原生于植被良好的山野，为喜阴植物。其叶质薄，角质层也薄，因而不耐日灼，但绝不能没有光合作用的能源。盛夏金秋，光强似火，应有80%～85%的遮荫密度。冬春光照和煦，有50%～60%的遮荫密度就足矣。遮荫的设施最好是活动的。阴晴天应少遮或不遮，光照弱时，也应少遮。每天9:00前的晨光是兰花最适宜的光照，最好别遮。这样根据光照强度，及时调整遮荫密度，是养好兰花的重要措施之一。

三、对空气湿度的需求

空气干燥，人的皮肤紧绷，嘴唇干裂。植物也一样需要有一定的空气湿度，故有雨露滋润禾苗壮之说。兰花原生于树林里，空气湿度甚好，就在大晴天的晌午，用面巾纸擦拭叶片3～5片，纸就受潮。足见兰株是多么需要一定空气湿度。实地测得，夏秋林中的空气湿度都在60%～80%；就是在干燥的冬季，也有45%～55%，如此看来，因时因地人工调控好空气的相对湿度，也是养好兰花的重要措施之一。

四、对水分的需求

首先是水质的问题：兰花喜偏酸的土壤，首先要求水质的酸碱度为5.5～6.5。简而言之，凡是人可长期饮用之水，均可用于浇喷兰花。

对水分的需求量。古代兰花园艺家已为我们辩证地总结出："喜雨而畏潦，喜润而畏湿"。近代兰花园艺家进一步总结出：有土栽培的（不包括颗粒土等粗植料），应"宁干勿湿"；无土栽培的（包括颗粒土）应"宁湿勿干"。

由于兰株有假鳞茎能贮藏水分，叶片又有角质层，气孔又下陷，保水性较强，能应付短期（3～5天）的干旱。如果干旱的时间过长，光照又强，风力也大，空气湿度又低，其耐干旱的时间就短，往往仅一二天就会出现脱水，就是没脱水，也会导致其生理功能的紊乱。因此说："偏干"，并非不给水或少给水，而是待偏干，就要及时给水。对于无土栽培和颗粒土等粗植料栽培的，当基质面干白时，在半天之内，就应浇些水。这就是上述的"宁湿勿干"。

兰花之根为肉质，又无根毛，是旱生植物。需要土壤疏松、疏水透气性能良好，浇透水后，能很快排干。如是如人一日三餐，频频浇透水，把盆土浇成如水稻田的烂泥巴状，就会因阻碍了根系的呼吸而烂根。应该是，浇透水后，待盆面土干燥后的2～3天，才再浇水。这就是上述的“宁干勿湿”。

五、对通风的要求

风可迎来清新的空气，给兰株带来清爽，又可驱走污浊、潮湿、闷热，利于兰株的呼吸和光合作用。所以养兰场所应尽可能保持有微风常拂。

不过风也和其它事物一样，既有有利的一面，也会有有害的一面。风力太大，一会吹折新叶，老叶也会机械性擦伤；二会很快降低空气湿度和温度，而不利于兰株的生长，所以仅需微风常拂，以能让兰叶微微颤动为佳。

第五章 莲瓣兰的分类

第一节　莲瓣兰在兰花分类学上的隶属

20 世纪 90 年代中期，我国兰花学家吴应祥老先生，与台湾著名的兰花学家张保泰先生商定：依我国北宋黄庭坚在《书幽芳亭》中写道：“一干一花而香有余者兰，一干五七花而香不足者蕙。”的传统分类为基础，与《国产兰属分类研究》〔吴应祥、陈心启合作发表于植物分类学报，1980.18 (3)〕相结合，把我国现有的兰属引种植物分为 2 个组 5 个亚组。莲瓣兰被列入蕙组（Seet. *Floribundum*）中的第 1 亚组，即短柱亚组，或称小花亚组（Subsect. *Microcymbidium*）。与蕙兰、春剑兰、建兰、寒兰、墨兰、套叶兰、台兰、多花兰、果香兰、邱北冬蕙兰、冬凤兰、纹瓣兰、硬叶兰、大雪兰、落叶兰和珍珠矮并列，共 17 种兰。

1999 年，陈心启先生在《中国植物志·第十八卷》中再一次将兰属分为 3 个亚属（兰亚尾、大花亚属、建兰亚属）10 个组。莲瓣兰隶属于建兰亚属春兰组春兰的一个变种。

莲瓣兰与同组春花系地生兰的区别，参见下表：

莲瓣兰与同组春花系地生国兰形态特征对比表

序号	类比内容　项目　种别	春兰	莲瓣兰	蕙兰	春剑兰
1	主产地	亚热带。以华东、华中为多，西南也有	云南和台湾，川南、黔西、闽北也产	秦岭以南各地	四川等地
2	根系	较细而短	较粗长	粗而长	粗而长
3	假鳞茎	球形	小圆球形或葫芦形	不明显，老株球形	圆形
4	叶鞘（甲）	4～5	5～7	4～5	4～5
5	叶长（cm）	20～40	35～50	25～80	50～70
6	叶宽（cm）	0.6～1.1	0.4～0.6	1.0	1.2～1.5
7	株叶数量	4～6	5～9	5～9	5～7

（续）

序号 \ 项目 \ 类比内容 \ 种别		春兰	莲瓣兰	蕙兰	春剑兰
8	叶形	带形	狭带形	带形	剑形
9	叶断面	V字形	V字形	V字形	V字形
10	叶缘齿	细而微锐	细而微锐	粗而锐利	粗而较锐
11	叶姿	弧曲	斜立弯垂	直立性强，端弧曲	直立性强，端弧曲
12	叶质	薄草质	薄草质	坚硬	薄草质
13	光泽度	少	少	少	少
14	花莛高（cm）	8～15	16～22	30～80，出架	20～35
15	莛花朵数	1～2	2～5，个别可6朵	5～18	3～5
16	苞片	长而大	大，长于子房	小而略长	长
17	花径（cm）	4～5	5～6	5～6	5～6
18	萼片	狭矩圆形，端急尖、紧边	三角状披针形	长圆披针形	长圆状披针形
19	花瓣	卵状披针形，稍弯	短而宽，向内曲	稍小于萼片	较短
20	唇瓣	比花瓣短，先端反卷	不明显三裂，端反卷	日唇反卷，有短茸毛	长而反卷
21	花主色	浅黄绿	白色	浅黄绿	浅黄绿为主
22	花香	最优	有香气	稍逊于春兰	有清香
23	主花期（月）	2～3	12月～翌年3月	3～4	1～3

第二节　莲瓣兰的种属

自古以来，对于莲瓣兰究竟是一个独立种，还是春兰的一个变种，或者是春兰与蕙兰之天然杂交种的问题，众说纷云，连兰界上层权威人士的见解，也还不一致。鄙人条件有限，努力也不够，对兰花的认识，还相当肤浅，仅借本拙作编写之便，本着百家争鸣的态度，聊述管见，不知能否成为引玉之砖。

在20世纪90年代之前，全国出版的各类书刊中，几乎不曾提及莲瓣兰，即使有提及的，也是只言片语，一笔带过。就是在莲瓣兰的主产地云南，其有关的古籍中，也仅是依其花瓣形状，似荷花之瓣而称其为莲瓣兰和依其花主色而分为白莲瓣、黄莲瓣、绿莲瓣、红莲瓣、麻莲瓣、藕色莲瓣和朱丝莲瓣而已。并无谈及莲瓣兰的种属问题。

直到20世纪80年代末，在四川成都出版的《中国兰花》期刊的第一期第

43 页《国产兰属的种与变种名录》一文中，莲瓣兰被列于春兰之后，处于第二，线叶春兰（*Cymbidium goeringii* var. *serratum* Sehltr）之下有：莲瓣兰（变种）（var. *lianpan*）（小雪素为其中之一变型）。由此可见，莲瓣兰当时被认为是线叶春兰的一个变种。

于 1990 年 6 月，吴应祥先生，在其编著的《中国兰花》一书中，为莲瓣兰编定了拉丁文学名，把它列于我国 31 种兰属植物的第二种，并对其形态特征与部分物候期，作了简介。这虽未明确提及莲瓣兰的种属问题，但在客观上，已把莲瓣兰作为一个独立种。

过了 6 年，即 1996 年 6 月，中国兰花学会理事长，中国惟一的国际兰花评委，陈心启先生与吉占和先生合著的《国兰洋兰 300 问》一书中的 24 问："春兰包括哪些变种?"中提及："对于春剑和莲瓣兰有两种不同的观点：一是认为应当作为独立的种；另一种观点则认为应当作为春兰的变种。这里采用后一种观点。"

再过 2 年余，即 1998 年 11 月，吴应祥先生与四川农科院吴汉珠研究员，合编的中国名花丛书之一的《兰花》一书中，莲瓣兰被列入蕙组中的第一亚组，即短柱亚组，在蕙兰、春剑等 17 种地生兰和附生兰之中，列于蕙兰之后，春剑之前。很明显，莲瓣兰已是蕙组中的一个独立种。

从上述看来，兰界上层权威人士对莲瓣兰之种属的观点，尚不一致。

从上述有关资料看，云南的有关古籍，没有谈及莲瓣兰的种属问题。有的依其叶细狭、花期、花香与春兰相似。尚且春兰也有莛花 2 朵之顶上，还有一个退化的花蕾，而认为应作为春兰的一个变种。有的依其好些方面与春兰相似，而莛花数量又与蕙兰相近似，但叶片性状与花瓣形等又有很大差异而认为是两者之间的天然杂交种。有的依其叶片性状、花瓣形、花主色等既不像春兰，也不像蕙兰，而认为是独立的一个种。这些观点的提出，对于正确认定莲瓣兰的种属问题，无疑是有益的。

笔者认为，要探讨莲瓣兰的种属问题，应运用植物分类学的决定性依据，——植物的繁殖器官，即花的特征，为主要依据。然后，适当参照其形态特征综合考虑之。只有这样，认定的种属，才能符合客观实际，也能为大家所认同。

从本章第一节，"莲瓣兰与同组春花系地生国兰形态特征对比表"细细权衡，莲瓣兰与春兰、蕙兰，均有某些相似之处，但相同中亦有显著的差异，更主要的是花的形态特征有明显的差异，花期和株叶形态特征等，也均有显著的差异。因此说，还是把莲瓣兰，作为一个"独立种"，更符合客观实际。把它列入蕙组中的短柱亚组，也是符合客观实际的。不过，这个短柱亚组把地生香兰与附生不香兰相并列，似乎太笼统。如能把这个亚组再细分为两季组，把地生香兰与附生不香兰分列，可能会更符合客观实际。

第三节 莲瓣兰的观赏性分类

人们习惯依叶、花的形态和色彩进行分类。通常划分为型艺、叶艺、素心、花艺、复合艺五大类。

一、型艺类（必须有两代以上连体的簇株）

1. 矮种（指植株符合矮种标准的矮兰）
2. 奇叶（指叶扭卷奇态、横或直皱卷）
3. 奇叶矮种（指既是奇叶，又是矮种的兰）

二、叶艺类

1. 线艺兰

①金色线艺；②银色线艺；③红色线艺；④深绿线艺；⑤黑色线艺；⑥多色线艺。

2. 水晶艺兰

①龙型水晶艺（线条状艺）；②凤型水晶艺（嘴状艺）；③虎型水晶艺（斑状艺）；④综艺型水品艺（线、嘴、斑全俱）。

3. 图画斑艺兰

①花斑艺（先明后暗之初级艺）；②图斑艺（指不含水晶艺体的中级艺）；③晶斑艺（指含有水晶成分的高级画斑艺）。

三、素心兰类

1. 普通素心兰（通常指窄瓣素心兰）
2. 阔瓣素心兰
3. 色艺素心兰（指红、粉红、金黄、青绿、墨黑、蓝紫色）
4. 叶艺素心兰（指叶片有线艺或水晶艺、图斑艺）
5. 双艺素心兰（指叶、花均有线艺、水晶艺或图画斑艺）
6. 缀色素心兰（指花被的某一个部分有恰到好处的条或点色斑点缀）
7. 正格瓣型素心兰（指梅、荷、水仙、团、超瓣）
8. 奇花素心兰（指萼、捧、蕊、舌、增减）
9. 蝶花素心兰（指萼、捧唇瓣化）
10. 奇蝶素心兰（指萼片、花瓣增减或花序异化又有唇瓣化）
11. 综艺素心兰（指多种艺性集于一体）

四、花艺类（指彩心花）

1. 正格瓣型花

①梅瓣花；②荷瓣花；③梅型水仙瓣花；④荷型水仙瓣花；⑤水仙瓣花；⑥团瓣花；⑦超瓣花。

2. 奇花

①增瓣奇花；②减瓣奇花；③奇态花；④花上花；⑤簇生奇花；⑥轮生奇花。

3. 蝶花

①萼蝶花；②捧蝶花；③全蝶花。

4. 奇蝶花

①多瓣蝶花（如牡丹瓣）；②减瓣蝶花；③重台蝶花。

5. 嵌线艺花

6. 镶晶艺花

7. 画斑花

8. 浓艳花

9. 秀丽花（浅色、淡条晕、正格花）

10. 复色花（具有五种以上的色彩，相得益彰之绚丽花）

五、复合类

1. 叶艺矮种瓣型花

2. 叶艺矮种奇蝶花

3. 矮种水晶双艺花

4. 矮种画斑双艺花

5. 矮种叶艺瓣型花

6. 矮种叶艺复色花

7. 综艺花

第六章 莲瓣兰的鉴赏

第一节 莲瓣兰花品、艺位的鉴别

一、花色的品位鉴别

以色泽清新秀丽，色彩对比鲜明，能唤起美感的为上品；以色泽晦暗，色彩间杂紊乱，不易引人欢悦的为下品。

1. 素心花

以金黄素，富丽堂皇，象征富贵；鲜红素，鲜艳靓丽，寄寓大吉大利为珍品。

以黑色素，象征无私无悔，寄寓清正廉洁；蓝色素，朴素大方，象征人梯精神，寄寓青出于蓝而胜于蓝，为稀品。

以晶白素、雪白素，清澈晶亮、洁白无瑕，象征襟怀坦白、光明磊落；青绿素，生机盎然，象征意气风发，粉红素，淡雅秀丽，寄寓美好，为上品。

以乳黄素，色泽柔和，习以为常，为中品。

以灰黄素，色泽晦暗，难激兴致，为下品。

2. 彩心花

以多色相嵌有序，色泽对比鲜明，如虹似霞为珍品。

以白底色、金黄底色、略披撒对称鲜红点条斑，或镶嵌白、绿嘴、边的；白底色、浮泛淡红晕或披挂淡红条点斑的；以鲜红、粉红底色，披挂红或紫彩斑的为上品。

以白底、绿底、浅黄底披挂朱红条点斑的为中品。

以着色晦暗、披彩撒斑不规则的为下品。

二、花形的品位鉴别

1. 从花的格调看

总体要以花莛高出叶丛面（出架），花容端庄、萼捧微前扣，洋溢着内涵为好。这是对正格花而言的。对异化变体的拟态花，则另当别论。它要求有形似与神似的有机结合。

以双侧萼向相反的方向水平伸展的平肩为上品。

以双侧萼向上斜展、飞翘的飞肩为奇品。

以双侧萼向下弯垂、斜展的落肩为下品。

以萼捧微前扣，洋溢着内涵的为上品。

以萼捧向后反卷，失去端庄为下品。

以花莛细圆、笔直为上品。

以花莛粗扁、扭曲为下品。

2. 从花的瓣型看

以三萼片短阔圆钝、紧边收根；花瓣短阔、圆正、起兜；唇瓣端庄、圆大的为梅瓣花。

以三萼片短阔、放角收根、紧缘；花瓣短阔圆大；唇瓣丰满圆大的为荷瓣花。

以三萼片稍长而端圆，花瓣短阔、圆大，明显起兜的为水仙瓣花。

上述符合梅、荷、水仙瓣花标准的，均为上品。凡是有某个条件达不到要求，均列为中品。

其它，还有萼端欠圆而稍尖，萼体长宽比例失调，萼基不明显收细的梅形水仙瓣花。萼捧唇都很像荷瓣花，惟萼缘无紧边的荷形水仙瓣花。三萼片、二花瓣均短而端圆，唇瓣短而圆、蕊柱端庄，药帽平展的团瓣花。瓣幅、瓣形、瓣态超出寻常的超瓣花。中萼片端部前折，如鹤的长嘴状，花瓣在蕊柱前呈交叉状的剪刀捧之鹤瓣花。这五种瓣型花，虽出现率也很低，同样不易得，但与前三种正格瓣型花比起来，差距就大得多，故列为中品。

至于竹叶瓣、鸡爪瓣花，自然是列为下品。如果它们有某个部分不寻常，又有秀丽的着色相配合。它的品位自然就升华。

三、花异化的品位鉴别

1. 以萼片、花瓣的过半或全部唇瓣化，或萼片、花瓣全都唇瓣化的蝶花为上品。

2. 以能唤起美感的拟态花，如“佛兰”“吉祥物”等雅态花、子母花、轮生花、簇状花为中品。

3. 以合蕊柱高度异化增生、分裂拔节而形成的多瓣多舌蝶化花、重台花和合蕊柱基部高度裂变分生，导致子房同时分生而形成拔节状的树形奇花、竹鞭花等为奇品。

4. 以连体簇株开出不同样的异化花或异化形态不一的奇蝶花为中品。

5. 以同莛仅是个别花有异化的奇蝶花为下品。

四、花香品位的鉴别

以气味醇正，清香四溢为上品。以幽芳尚存，似有若无为中品。以香中夹异，久闻生厌和无香的为下品。

五、型艺品位的鉴别

以矮种兼有奇叶、线艺、水晶艺、图斑艺、瓣型花、奇花、蝶花、奇蝶花等之二三项者为奇珍品。

以矮种加奇叶为名品。

以矮种加线艺、水晶艺、图斑艺之一者为上品。

以叶幅狭窄，皱卷如油条状，不具造型美的为下品。

六、叶艺品位的鉴别

1. 线艺兰品位的鉴别

叶片正反面均嵌有丰富而鲜明的未透达叶尖的线艺纹，其叶端又有绀绿帽的中斑缟艺。由于它的可变因子最活跃，发展潜力最大，原有的艺性也十分稳定而被视为最理想的艺性。

叶周缘有双重线艺纹的覆轮艺。不仅其艺性很稳定，而且也易相继出现其它艺纹的线艺兰。

其叶鞘（甲）也具有相应艺纹；以中心叶的艺性比其他叶的艺性强；叶鞘缘和叶片缘的线艺纹外侧，泛有桃红晕的艺性。

线艺纹的周边有极细微的不规则锯齿状的艺线，称为湿性艺，进化力强。

以上 4 种线艺性状为上品。

艺纹虽丰富，但艺纹布局较杂乱；中心叶片的线艺性状与其他叶的线艺性状完全一样的，为中品。

以先明后暗的艺性和一叶仅有一条粗而边界十分划一的干性线艺，及叶面的艺纹明显而叶背的艺纹不明显的艺性为下品。

2. 水晶艺品位的鉴别

凤型水晶艺的艺位在叶端最显眼，象形丰富，艺性可不断向下延伸，其花也常有相应的艺性，而为奇品。

龙型水晶艺，最易使叶形奇变，变化迅速，其花也常有相应的艺性，为珍品。

虎型水晶艺，艺斑单一而散乱，艺变速度缓慢，其花少有相应的艺性，为常品。

3. 图画斑艺品位的鉴别

画纹斑富含水晶成分，艺色鲜明，艺性多变，胜似鬼斧神工，犹如丹青巧匠之杰作的为珍品。

以图案斑中具有绿三角和偶嵌漩涡状的龙眼斑的为中品。

以先明后暗，斑纹杂乱、没有画感美的初级图斑艺为下品。

第二节　莲瓣兰的欣赏

古人闻清香而觅香源，见秀色而急近前，品花形而择其优，思其性而悟其韵。给我们开创了欣赏兰花的先河，今人承先人赏兰之灼见，而逐步充实、完善，成了闻其香、观其秀、辨其形、品其韵的赏兰标准。下面依莲瓣兰的特点，聊叙欣赏之端倪。

一、闻幽远的芬芳

幽幽清芳，久闻不厌，愈闻兴致愈高，愈心旷神怡、神清气爽，妙不可言。

在七大类地生根国兰之中，数春兰的香气最富足，蕙兰就稍逊些。而莲瓣兰是介于春兰与蕙兰之间的一个独立种。它的花，当然有清香味。不过，也许是由于莲瓣兰的莛花朵数，比春兰多了好几倍，其株体的有机物质积累、分散了，其花香量就不及春兰富足。但莲瓣兰是春天开花的，它的植株，历经春、夏、秋三季的营养生长，积累下丰硕的有机物，不像夏秋开花的建兰的营养生长期那样短。因此，莲瓣兰的香气量，要比建兰多些。再由于莲瓣兰原生于低纬度、高海拔的高原山腰密林间，微风常拂，空气清新，土壤腐殖质中含有大量的有机磷，足以酿造香气。再加上山涧瀑布飞射，空气湿润，干湿相宜，夏秋有和熙的光照熬炼，冬季有严寒的浓缩，其花味自然是清醇的。堪为清烈而不浊，醇正而幽远，似有若无，忽近忽远，馥郁芬芳，飘忽神秘之高雅而美妙。

兰香之美妙，在于香远益清，因此古人赞曰“坐久不知香在室，推窗时有蝶飞来”“兰生香满路，清芬倍幽远”。

兰香之高雅，在于真切的纯朴，无私的虚怀，它“无人亦自芳”“芳香不自媚”“赖有微风迎远香”，不愧为“自有幽香似德人”。

二、观秀丽的色彩

莲瓣兰的细叶青翠可爱，绿意盎然，生机勃发，给人柔和的光彩，寄寓着希望。那些镶嵌着金黄、银白叶艺的，把翠叶装点得金灿灿、银晃晃，富丽堂皇，寄寓前程无量，处处事事顺风。

莲瓣兰的花色，以白色为主，或白底浮泛其他色彩。那玉润冰清、纯正无瑕、高洁素雅的白色花，寄寓心地善良，无私心杂念，一尘不染，洁身自好，清正廉明。

莲瓣兰的花色，虽以白色为主，但并不单调，常在白底色之上浮泛、披挂，金黄、粉红、朱红等暖色。色色交辉相映，异彩纷呈，汇成了一幅幅绚丽多彩的画卷，让您领略大自然的可爱、生活的乐趣，催你为了更美好的明天而奋斗不息!

三、赏硕大的花形

莲瓣兰花大瓣阔。它那三角状披针形的萼片形态别致。

莲瓣兰的花瓣，短阔而内曲，似乎在忠心地护卫着合蕊柱这个中心。它象征团结、奉献的精神。寄寓谦虚和忠于职守的风格，让人领悟到：植物尚能如此，为人更应如是。

四、品倔强的神韵

莲瓣兰除具有国兰之共有风韵外，它还独具倔强的神韵。

莲瓣兰原生于低纬度、高海拔的高原林野里，当地冬季气温达－7℃以上，时有冰雪把它严严实实地掩埋，它仍能安然无恙，而且照样生机勃发，应期献艳送芳。

这种刚强不屈的精神，正是中华民族的象征，它在启迪人们：为人，应能屈能伸，在为人类作奉献的时候，尽管遇到天大的困难，一定要在战略上藐视困难，在战术上重视困难，善始善终地拼搏、坚持！再拼搏，再坚持！去迎接一个又一个新的胜利!

还有，莲瓣兰的叶幅是地生根国兰中最小的种类，它的叶幅仅有0.4～0.6cm，竟能开出叶幅比它宽一倍余的春剑兰的花还要大些的阔瓣花来。这好比俗话说的，胡椒虽小，其辣却大。这正是它在恶劣的环境里，顽强炼就之奇异功能。它似乎在告诉人们，人的条件有优劣，身体素质有强弱，综合素质也有高低，但这绝不是成功与否的决定因素。而决定成功与否的因素是人的信心和毅力，有了它，弱小人也可以办大事、办好事！启迪我们：为人千万别自暴自弃，而应自强不息!

第七章 莲瓣兰的引种与鉴别

第一节 莲瓣兰的引种

一、采集、引种的时间

1. 采集野生苗的适当时间

采集野生苗的最佳时间，自然是在盛花期。此期便于见花选采，免得胡子眉毛一把抓，既糟蹋了兰花资源，也给采育者增添了累赘。

对于采集野生型艺兰、叶艺兰，则不一定限于花期，只要气候适宜，随时都可以进行。但以春季气温回升，兰株将要进入萌芽生长期之前采为好。此时采，既不会伤及新芽，又利于创口的恢复，尚可促进叶芽的分蘖，为最佳的采集时间。

2. 传统苗和驯化成熟苗的引种时间

酷热季节起苗、运输、栽植等造成的创口，较容易腐烂，多少会影响成活率；酷寒天，会因保温防冻的力度不够而遭受冻害，不宜大量引种。但是，如能细心操作，精当包装，或原盆包装，快速运输，精心养护，不论哪种气候，全年的任何时候均可以引种。但以盛花期或花谢后叶芽未出土时为好，此时引种既可看花选种，又不伤及花芽、叶芽，还可促动分蘖，也是引种成活率最高的时期，堪为最佳的引种时间。

二、采集、引种的方式

1. 上山采集

上山采兰是一种缓解拼搏的紧张情绪，锻炼身体，磨炼意志的机会。既可免费获得兰苗，有时尚可采得佳种；更主要的是，能给自己上一堂书本上不可能有的兰花生态课，为你更具体而形象地了解兰花，为养好兰花打下坚实的基础。这确实是一举多得的好活动。但它毕竟不是一次生态旅游活动。不仅要付出辛劳，而且也可能有风险。必须要有充分的思想准备和物质上的准备。准备工作愈周到，愈扎实，顺利的把握就愈大，也就能化风险为胜利。诸如了解兰花产地情况，结伴向远山进军，聘请向导，备好采挖、包装用具、生活用品、应急药品、防护器材，都应不厌其烦地备好备足，有备才能无患。

此外，在上山采兰的同时，应切记：①上山应慎重用火，防止火烧山；②勿私闯自然保护区和捕猎禁区；③注意保护兰花资源，提倡选择性采集，切勿滥采乱挖、随意丢弃；④发现好种苗，要做好相关的记载，并把原生土带些回来种植；⑤发现险处长有好兰，在没有足够的把握和稳妥的防护措施的情况下，切勿利欲熏心、挺而走险；⑥细心采挖、精当包装，以防遭损而浪费。

2．就地购买

就地看货、议价、付钱取苗，十分实在。但如果不具识别种质能力的，同样也不实在。所以要聘请行家里手帮助鉴别，以防失误。也可以在行家相中的苗，因价格谈不拢，而未成交离去后，议价购入。不过也应注意防止卖家演戏蒙人。

不论向哪种卖主购买，必须请行家当顾问，也必须在强自然光下看苗，如有必要检验种苗的真伪，必须征得卖主的同意，又有旁人的前提下进行，以避免不愉快的争斗事情发生。

3．汇款邮购

对于不方便面购的，邮购不失为一种便捷的引种法。不过别被“巧立名目、超低价、超凡承诺所迷惑，而要多方面了解，论证卖主的可信度。选准卖主，少量试购，以防失误。

第二节 种苗品质的鉴别

种苗品质的鉴别是一门很深奥的学问。难以一蹴而就，要靠自已多看书学习，虚心向行家里手求教，反复观察对比，总结品种特征，并不断反复验证，才能逐长见识，日益升华，提高鉴别的准确率。下面介绍的，仅是初步的普遍的认识规律，仅供入门之参考。

一、型艺兰的品质鉴别

①凡是具有含有兰菌珠粒的真龙根之矮种奇叶实生苗，其稳定性高。

②凡不具真龙根的矮种、奇叶苗，必须要有2～3代连体成簇的，才有相当的稳定性。

③凡是矮种、奇叶特征，一代比一代更加明显的连体簇苗，其稳定性也很高。

④凡不具真龙根的单株矮种、奇叶苗，多为偶然突变，其稳定性甚差。

⑤凡不具真龙根的单株矮种、奇叶苗，尽管其叶鞘有相应的矮种、奇叶特征，其稳定性仍然不高，必须要有2～3代连体成簇的，才有一定的稳定性。

⑥凡是最中心的一片叶之矮种奇叶特征比其它边叶差的，不论有否真龙根，其矮种、奇叶的特征的稳定性也就差得很。

二、叶艺兰(包括线艺、水晶艺、图画斑艺)的品质鉴别

①凡是具有真龙根的实生叶艺苗，其叶艺性能的稳定性肯定很好。

②凡是非实生叶艺苗，但其叶鞘具有相应叶艺特征的，其叶艺的稳定性也不错。

③凡心叶的叶艺性状比边叶强的种苗，其叶艺的稳定性不仅较高，而且有较强的续变力。

④凡叶鞘和嫩叶端缘的叶艺体有浮泛桃红色晕的，它的叶艺续变性就较高而快。

⑤凡叶面有叶艺而叶背没有相应的叶艺，或叶的正反面之叶艺位不相符的，或叶鞘不具与叶片相应的叶艺的，其叶艺的稳定性与续变性均差。

⑥凡艺线边具有极其细微的、不规则的齿状的湿性叶艺，其叶艺的稳定性和续变性均较高；反之，艺线边十分整齐划一的干性叶艺，其续变性则甚差。

⑦凡有绀绿帽、绿边和艺线不透达叶尖的叶艺苗，其叶艺的稳定性和续变力均甚高。

⑧凡全叶片均为白色、黄色的，多难以养活；如果在白、黄色之上，泛有些许绿晕的，则相对较易养活。

⑨凡根色有异的，叶鞘尖和叶尖有枯焦的，艺体少光泽的；艺体有凸凹的，艺缘黄焦倾向的，叶片有轻度脱水、失神的，均有可能是造假之叶艺苗，应格外认真审视，慎防鉴别失误。

三、花艺兰的品质鉴别

花艺兰的花前品质鉴别难度大、准确率也低。因为好花和普通花的株叶，几乎没有多大明显的区别。其细微的特征，尚未很好地总结出来。如能像人的脸相、手相那样总结出一整套规律来，并在观察实践中，不断再总结、再完善，那鉴别的准确率肯定就高得多。这就有待于广大兰花爱好者和科研工作者潜心研究、反复对比验证、总结出一套完整的“兰叶相谱”来。鄙人的条件、时间、精力有限，尚未摸索出道道来，仅是断断续续的探索中，初见端倪，尚未系统地分类总结和验证，现只能把常见表象聊叙如下，借以抛砖引玉，敬请诸君不吝赐告真知灼见，共同描绘“兰叶相谱”。携手为保护兰花资源，为兰花早日进入千家万户做点奉献。

(1) 看根

凡根体粗细不规则，排列、分生异样的，如“葫芦状根”“人参状根”“鹿角状根”“鸡爪状根”“三角状根”“鼓槌状根”“铁钉状根”“螺旋状根”“树根状根”等，均有可能是佳种，或珍稀种。

(2) 看假鳞茎

凡假鳞茎之形态有异样的，如“葫芦茎”“竹节茎”“橄榄茎”“田螺茎”“杯状茎”“冬笋茎”等均有可能是佳种或珍稀种。

(3) 看叶鞘（甲、裤）

凡鞘色纯青无瑕的，可能是素心种；凡叶鞘有分层异色的，色彩鲜丽的，多为鲜丽的花艺佳种；凡鞘尖有绀绿帽的，其花瓣也会有相应的绀绿帽。

凡叶鞘缘超薄又超宽的，长甲外斜的，甲体歪扭的，甲尖皱卷的，甲片重迭的，甲片并列的，甲尖钝圆而内扣的，均有可能是瓣型花、奇蝶花等佳种。

(4) 看叶柄环

莲瓣兰通常不具叶柄环，仅是一些天然杂交种有叶柄环。如有双环、三环并列，或套迭的，常为佳种。

(5) 看叶体

凡株叶呈筒束状的，叶片宽窄不规则的，有双主脉的，均有可能是奇蝶花种。

(6) 看叶缘

凡叶缘薄而后卷，又有分段折痕的（行话为“放角行桥”），凡叶厚而隆起，又向叶缘倾斜的，均有可能是佳种。

(7) 看叶尖

凡叶端钝尖且起微兜，叶端如海豚嘴，叶尖自然开裂如燕尾状，叶端急缩收尾而长尖，叶尖格外长尖的，均有可能是佳种。

(8) 看叶齿

凡叶齿排列十分规则、细而锐的，叶齿粗细、钝锐不规则的，叶齿格外粗而锐的，叶端背中脉上有长茅刺的，其花的香气通常比常花浓烈，花的品位也较高。

第三节　花艺兰品位的现花鉴别

我国养兰赏兰的历史悠久，古人为我们积累下了丰富的品评艺术标准。清初的鲍薇省先生最先总结创立了“瓣型学说”。后经众人不断完善，后由许齐楼先生将其收录于《兰蕙同心录》一书中。我们现在的评品标准都源于此。但该书涉及专论，文句又十分简洁，其艰深难解，在所难免，且该书出版至今已百余年之久，幸存的甚少，又不见重印，因而都是靠极少数人口头传授，难免以讹传讹，有失偏颇。近代的采兰、养兰、贩兰者和兰花爱好者，多无缘见到原著。仅是凭传说和想象，把萼捧较圆些的，就称为梅瓣花；把萼片似有棱角的，就称为荷瓣花；把萼片稍宽些的就称为水仙瓣；把中萼端有折钩的就称为鹤瓣花；不论萼片、花瓣的纯净与否，只要唇瓣呈一色的，就称为素心兰……，甚至有的书刊，也没严格区别，随供照撰稿者对花的称谓而称谓，以致鱼目混珠，差错百出。这给兰花品种的推介和交流带来了很大的麻烦，常引起误解和争执。鉴此，《中国花卉盆景》的编辑们曾呼吁：国兰的鉴赏艺术标准，应尽快规范。余应之，而试将学习、实践探索的初悟，分别绘图并试以浅解，并从不同角度的领悟分别献丑于有关报刊和拙作《中国兰花栽培与鉴赏》《兰花赏培600问》等之中，现再把有关要点修订，分列如下，以供参考：

一、瓣型花品位的鉴别

1. 梅瓣花

(1) 梅瓣花的花蕾特征

其一，当花蕾刚露出苞片时，其待放的萼片缘多有白镶边，犹似披雪含苞待放的梅花蕾。当其绽放后，其白镶边随之逐渐消失，犹如春雪消融、寒梅乍开状；其二是，其花的萼捧短而端圆，形如梅花的花瓣形。

(2) 梅瓣花所必须具备的条件

①花容端庄、结构圆结、质地厚实柔润。

②萼端阔大呈圆形，萼体短而阔（长与宽之比为2∶1为佳，超出此比例，其品位就低，一般不允许超出2.5∶1，即长2cm时，它的宽就要有1cm以上），萼基要细小，即收根要细。

③萼缘紧边要有力，即萼缘应有收缩且呈向里扣卷状。

④花瓣（即捧心瓣）必须有明显起兜，即捧端部分要有拢缩、里扣，呈浅口袋状或曰耳挖状（即挖耳屎用的耳耙状），最好是雄蕊化成拳头状，即所谓的硬捧。

⑤唇瓣（舌）必须坚实、短而形圆，舌态平伸或上翘，不能有下挂、后卷状。

上述5个条件，缺一不可。尤以②③④3个条件的要求最为严格；①⑤两个条件相对不那么严要求，因为①⑤两个条件是侧重于花形象的完美而言的，差一些，只是品位低些而已。而②③④是关系到是否梅瓣花的基本条件，不具备，便不能称为梅瓣花。

如果是①②③⑤4条都具备，惟独第④条达不到要求，即花瓣（捧心瓣）没有明显起兜，仅有微兜的，仅能勉强称为梅形水仙瓣；如果是连微兜也没有的，只能称为“团瓣花”。

如果是①③④⑤4个条件都具备，惟独第②条达不到要求，即萼端欠圆而稍尖，萼体超长，长宽比例失调，萼基收根不明显的，便不能称为梅瓣花，而只能称为“荷形水仙瓣花”，如春兰“龙字”。

其实，影响梅瓣花品位高低的，还有个合蕊柱的形态。要求合蕊柱与中萼片、唇瓣处于同一垂线上，即合蕊柱的中线与中萼片、花瓣中线成一直线，形较细而短，态微前倾。因为形粗长、太笔挺，既易撑开花瓣“开天窗”而降低了花的品位，又失了内涵的高雅。

总而言之，是否梅瓣花的关键在于萼片和花瓣的形态。其中，只要有一个条件达不到要求的便不能称为“梅瓣花”，而必须降格为“梅形水仙瓣”或“团瓣”。不过，在萼捧这两个关键形态中，惟一可以放宽要求的，是萼片体的宽和长之比例，只是超过 2:1 的比例的，花的品位较低而已，但还是梅瓣花。

在自然界中的梅瓣花，并不可能是同一幅脸谱的，而是有多种情态的梅瓣花。其中最常见有椭圆形梅瓣、蛋萼型梅瓣、长萼型梅瓣和康萼型梅瓣四种。当然还有变体梅瓣。但不论其如何变体、总不能离开萼端阔圆、紧边，萼基收细和花瓣明显起兜的关键条件。离开了其中的任何一个关键条件，都不能称为梅瓣花。

2. 荷瓣花

在自然界中，标准的荷瓣花相对比梅瓣花更为稀少。因此，自古就有“千梅万世选，一荷无处求”的说法。并非到处都有荷瓣花。

荷瓣花所必备的条件

①萼片的长与宽的比例必须在 2:1 之内（即长 2cm、宽 1cm）。两者越接近，品位就越高；反之，差距越大，品位就越低。

②萼片必须有典型的“放角收根”（即萼端的左右侧，有明显的钝角状，或萼片中段缘有较尖锐的三角状，即中放角），萼基必须收细，这是区别是荷瓣花、还是竹叶瓣花的重要标志。

③萼端的中心处允许有波浪形凸起区，但其凸起体必须向内微扣卷。

④萼端缘或中放角缘，必须有明显的紧边，并呈向内卷状。若无紧边，便不能称为“荷瓣花”。

⑤花瓣（捧心瓣）要求较宽阔、短圆或略长圆状。若没短而圆，荷瓣的特征就不稳定，往往花开二三天后，萼片就会逐渐伸长而超出 2:1 的比例，变成不稳定的假荷瓣花。通常以蚌壳捧、蒲扇捧为优品。

⑥唇瓣要求形大，但以不超过中萼片的宽度为宜，它允许有下垂或微后卷。以大圆舌、大铺舌为佳。

荷瓣花要求最严的是萼片必须有明显的“放角收根”，同时又要求放角处要有明显的紧边。

3. 水仙瓣花

国兰中的“水仙瓣花”与“梅瓣花”，实际上是隶属同一类型的两种形态。说其是同一类型的缘由是：

①都是捧瓣雄性化，捧瓣有兜的花艺。

②它们在开放时，都是轩昂挺立。

③它们在含苞待放时，萼缘多有白镶边，或萼缘有镶白晶点。

④萼片都较圆。

所不同的是，水仙瓣的萼端不如梅瓣花那样圆，也没有那样明显的紧边和收根。

水仙瓣花所必备的条件有：

其一，萼幅较宽阔，呈长圆形或长珠形；萼端可有尖锋，萼基要收细。

其二，花瓣（捧心瓣）必须有明显的紧边、起兜，即捧端缘约 0.3cm 宽度的绿白体，呈收缩状并向内扣卷，捧端面即成勺状（兜）。

那些捧端仅有白缘的，不能算是紧边、起兜或浅兜。因为这样的白缘，当花开足后，多消失而不具紧边、浅兜。尤其莛多花的品系，往往是同莛上有些花瓣端有白缘，有的花的花瓣端则没有白缘；当花开足后，全莛花都不具白缘。对于莛单朵花的梅形水仙瓣花，由于它的萼片有收根、端圆、紧边，花体内有“紧边、微兜”的因子存在，其捧端的紧边不易消失，所以能称为“梅形水仙瓣”。

“荷形水仙瓣”是指花瓣（捧心瓣）已有明显起兜，由于萼片长宽比例失调，萼端虽有紧边，但稍尖或萼基收根不够细，达不到梅瓣花的总体要求，并非萼片达不到梅瓣花的标准，而捧又无兜的，降格为“荷形水仙瓣”。

4. 团瓣花

据《兰蕙同心录》记述：“开瓣有圆如龙眼壳者，5 瓣均圆，舌亦圆短，蕊顶平如莲子倒生”。具体说来就是 3 萼片、2 花瓣，均要有短而端圆或椭圆；唇瓣短而圆；合蕊柱端庄，柱顶之药帽较平展。

5. 超瓣

据《兰蕙同心录》记述：“开瓣宽阔，不收根或方头，或袜底式，俗谓之超瓣，云超出寻常也。”

如此看来，所谓超瓣，即指瓣幅、瓣形或瓣态超出寻常，或异乎寻常。通常有下列 4 种情况：

①瓣基不收细，而与瓣体等宽。

②瓣基不收细，而唇瓣异常超大。

③瓣基阔，瓣端还更阔。

④瓣基比瓣端更阔。

6. 鹤瓣花

鹤瓣花必须具备下列两个条件

①中萼片的端部要有明显的前折状，犹如松鹤之长嘴。

②花瓣（捧心瓣）在合蕊柱前呈交叉状，俗称“剪刀捧”，或称“燕尾捧”。

这两个条件必须同时具备，缺一不可。而且必须是同一花莛上的每一朵花都具备上述两个条件。

现在有些人，把仅是中萼片有前折的就称为“鹤瓣”。虽然确有不少中萼片前折如鹤嘴的兰花，但也有一些是做手脚的假鹤嘴，可是“剪刀捧”就不那么容易造假的。

二、奇花的品质鉴别

地生根有香味的中国兰花的花朵，是由 3 枚萼片、2 枚花瓣、1 枚唇瓣和 1 个合蕊柱组成的世间独有的人格化花形。它在长期的与生态条件多变的抗争和自然选择的作用下，虽然大部分仍然依旧，但也有不少个体出现了不同性状的退化，还有的产生了离宗别谱的多种多样的异化，而有了多姿多态的少瓣花、多瓣花和奇态花。

1. 少瓣奇花

少瓣奇花多种多样。有的是萼片减少，或绝大部分退化或移位；有的是花瓣退化；有的是唇瓣退化；有的是合蕊柱退化；有的是几个部分同时退化；更有甚者是萼片、花瓣、唇瓣都退化，仅剩下一个粗而大的合蕊柱，而成了无瓣花。

传统的赏兰观认为：少瓣奇花是残缺花，是衰败的征兆，是不吉利的花，多不受欢迎。但在现代社会中，人们审美的观点有了很大变化，很多人开始追求另类、有个性的花型。因而对那些缺乏了某部分，或花的某些部位发生变化移位，只要组合成能激起人美感的花形，也同样能得到人们的认可。如春兰少瓣奇花之“圣母”和刊于 2002 年第 4 期《中国兰花》杂志封面上的“雁南飞”等等。诸如此类的少瓣奇花，可算是少得有格，少得别致。

2. 多瓣奇花

多瓣奇花丰富多彩、琳琅满目，令人目不暇接。象征兴旺发达，寄寓前程无量，令人珍爱有加。

多瓣奇花依其异化的方式，大致可归纳为如下三个类型：

（1）增减奇花类

①单项增多奇花。即萼、捧、鼻、舌 4 项中，仅有其中 1 项有增多，其余的仍然如故。

②双项增多奇花。即萼、捧、鼻、舌 4 项中，有 2 项有增多，其余的，仍然如故。

③三多奇花。即兰花朵中的 4 个部分已有其 3 个部分增多，仅 1 项仍然如故。

④全多奇花。即萼、捧、鼻、舌 4 项全部同时增多。

⑤增减奇花。即萼、捧、鼻、舌 4 项中，有的增多，有的减少。但以增多的

项目多；减少的项目少。不过也有减少与增多各半等形式。像菊瓣型奇花，就隶属于增减瓣奇花。它的花瓣、唇瓣全异化成与萼片相近似，其合蕊柱又裂变成许多小花瓣状，成了花朵的心部。使花容极似盛开的菊花。

此类奇花，除了具有合蕊柱已有裂变异化之外，其余的稳定性相对较差。我们常可见到，莛仅一二朵有多舌多瓣，其余的七八朵，仍为完全无异样的常花，到翌年，连一朵多舌多瓣也没有。但也偶见到翌年全莛都是多舌多瓣奇花的。这说明，既可进化而来，也可还原返祖而去。因此真正的奇花要选择莛上朵朵基本同一性状异化的，否则，只能当成期待品对待。对于莛仅单花的多瓣多舌奇花，要有2～3年复花证实其异化性状稳定，才比较稳妥。

（2）序变奇花类

序变奇花，即一改兰花的总状花序为轮生花序、伞形花序、复穗状花序等之奇花。

①复穗状花序奇花

如建兰的“琼台碧玉”，在花蕾小排铃时，子房逐渐向上延伸，长出了好多轮生或互生的萼片，其顶端着生了好多枚唇瓣和花瓣。

②伞形圆锥花序奇花

如建兰的“千手观音”，排铃后子房继续伸长，绽开萼片后，分生3～5朵正格花。

③头状花序奇花

如墨兰的“九州彩球”、蕙兰中的“蕙球”，就是花朵聚生于花莛顶端，呈圆球状。

④轮生花序奇花

如墨兰中的“子母花”“飘逸”“佛手”；寒兰中的“子母花”，等都是在同一位置上着生2～3朵花的。

（3）柱变奇花

①柱裂瓣化花

即合蕊柱分裂异化成许多小花瓣。菊型奇花，常有此种异化现象。

②花上花

如墨兰中的“珠海浼女”“大屯麒麟”“玉狮子”“宝岛奇”等，就是花绽开后，蕊柱拔高，分生成许多唇瓣、花瓣、蕊柱，而构成的花上又一花。

③重台丛花

当花蕾绽开后，蕊柱裂变分生出3～4个小花苞，待这些小花苞绽开后，其每个蕊柱也裂变分生出3～4个小花苞，发育开花。

合蕊柱裂变、拔高，裂变分生之奇花，其异化的稳定性甚好。

3．奇态花

奇态花千姿百态，琳琅满目。以其形象似某种吉祥物或能令人浮想联翩。从中得到美好的启迪和美的感受的形象为佳品。以莛上朵朵如是的，稳定性便看好。尤以合蕊柱异化为主体的奇态花，其稳定性更好。

三、蝶花的品质鉴别

萼片、花瓣唇瓣化的花朵，被称为‘蝴蝶瓣花”，简称为“蝶瓣花”“蝶花”。依其唇瓣化的部分和形式，可概括为四类：

1．萼片蝶

此类蝶花传统称为“外蝴蝶”，它多为肩萼（副瓣）的下半片些许、近半或过半唇瓣化。近年已发现了中萼和肩萼之部分或全部唇瓣化。

传统认为，那些肩萼片仅些许唇瓣化的，观赏面很少，被称为“草蝴”，多不入品；近半唇瓣化的，被视为中品；那些过半唇瓣化的观赏面大，誉为“全蝴”，被视为珍品。那些全萼片都完全唇瓣化，就像反卷之唇瓣样的，便失去端庄、对称，内涵等的格调，反而不被珍视，少有人问津。不过，这可能是由于以往未曾发现过，也就未见推崇之故。应该把它列入奇蝶花行列中之“全萼蝶”。

2．花瓣（捧）蝶

花瓣唇瓣化，通常指花瓣的下侧之些许、近半或过半唇瓣化和整个花瓣唇瓣化两种。近年来，在莲瓣兰中发现了花瓣之上侧唇瓣化的。此类唇瓣化，称为“内蝴蝶”。仅部分捧瓣唇瓣化的，称为“捧缘蝶”，依唇瓣化的程度，被视为下品和中品。整个捧瓣唇瓣化的，称为“蕊蝶”“三舌蝶”“三星蝶”。被视为上品。

3．全蝶

全蝶花又称“内外蝶”“萼捧蝶”。可分为如下 3 种性状：

（1）双半蝶

即肩萼片和双捧下半侧唇瓣化。

肩萼和花瓣都能半唇瓣化，实属罕见。此种唇瓣化，不仅增进了花朵的艺术美感，而且又能保持对称、协调、统一、靓丽及内涵。堪为蝶花之上品。

（2）肩半捧全蝶

即肩萼半唇瓣化，捧瓣全部唇瓣化。比双半蝶更胜一筹，堪为珍品。

（3）大全蝶

即 3 萼片、二捧瓣全部唇瓣化。为前所未有的全蝶花，属奇珍品。

4．奇蝶花

即多瓣奇花之中，有些花瓣或萼片有唇瓣化，如牡丹瓣型花等。此类奇蝶花把奇花和蝶花融为一体，丰富多彩，花团锦簇，艳丽无比，象征繁荣昌盛，为稀珍品。

四、素心花的品质鉴别

1. 素心花的概念

素心花是指除药帽之外全花只有一种基本色，也无点、条、斑彩的花。但可有在基本色之上，缀有一种少许的它色晕。

那些萼片、花瓣披有点条斑彩，仅是唇瓣纯一色的花，是素唇花，也称素舌花，但不能称为素心花。

2. 素心花的种类品质鉴别

（1）单色素

单色素有白素、乳黄素、橙色素、金黄素、绿素、粉红素、鲜红素、黑色素、蓝素等。

以晶莹洁白的白色素为上品；以嫩绿光洁的绿素为中品，以金黄素为贵；以鲜红色为珍；以黑色素、蓝色素为稀。

（2）点眼素

点眼素是指在花朵的某一部位有象征性的鲜红点点缀，以增强花的艺术效果，犹如画龙点睛般。

传统就有：在素心花之唇瓣面（中裂片）上，缀有一大鲜红圆斑的，名为"元宝素"；缀有一对红圆斑的，名为"双喜素"；缀有呈品字形的3个鲜红点的，名为"品字素"等。

近年来，发现了在合蕊柱头缀有一对鲜红点的，名为"红鼻素"等。

（3）嵌艺素

嵌艺素是指全素心花的萼片、花瓣、唇瓣上，镶嵌有金、银、绿、红色线艺或水晶艺、图画斑艺的素心花。这丰富多彩的艺体把素心花点缀、衬托得更加鲜艳夺目，令人珍爱。

（4）瓣型素

瓣型素心花，是指符合梅瓣、荷瓣、水仙瓣、梅形水仙瓣、荷形水仙瓣、团瓣、超瓣、鹤瓣、菊瓣标准的素心花。此类素心花素雅而有格，为古今所极力推崇之素心花。

（5）奇花素

指多瓣或少瓣，或奇态之素心花。

（6）素蝶花

指素心唇瓣化花。

（7）奇蝶素

指奇瓣又有唇瓣化瓣的素心花。

（8）异色莛素

系指“赤芽素”“紫杆素”“红杆素’“黄杆素”等。即花莛色泽与花主色不同的素心花。花的莛色与花色交辉相映，相得益彰，堪为大自然之杰作。

(9) 桃腮素

桃腮素系指惟独唇瓣之侧裂片（俗称腮帮）有浓淡不一的异色晕彩或点斑，其余各部分全无异色筋纹、点斑块的兰花朵。以晕彩数量少、色泽鲜艳为佳。

(10) 艳口素

艳口素是指惟独唇瓣之中裂片中央有些许的异色晕斑（俗称水印斑），其余各部分全无异色筋纹、点斑块的兰花朵。以晕斑（水印）越淡越接近素心花为佳。

(11) 艳口桃腮素

艳口桃腮素是指仅有“艳口”，又有“桃腮”而其它各部分全无异色筋纹、点斑块的兰花朵。此种花离素花较远，少有人问津。

五、复色花的品位鉴别

复色花是禀天地之灵气，红、黄、白、绿、橙、蓝、紫，色色错落有致，融为一体，色彩对比鲜明，相得益彰。是经济繁荣，生活富裕的象征。故为高品位之花。白底色之复色花，色彩对比最鲜明，稳定性也最好。

第八章 莲瓣兰的繁殖

莲瓣兰的繁殖，也和其它兰花一样，可分为无性繁殖和有性繁殖。

第一节　无性繁殖

无性繁殖又称营养繁殖。是采用分离营养体进行繁殖的一种方法。它可分为传统的分株繁殖和先进的组织培养两种方法。

一、分株繁殖

由于分株繁殖简单易为，成功率高，分蘖快，发育迅速，既可保持品种的固有特性，新株又易于开花。因此成为至今仍然普遍沿用的一种繁殖法。

1. 分株的时期

分株的最佳时期，为花朵凋谢时。因为此时株体的营养生长仍未活跃，芽的生长点也尚未膨大，分株时不易误伤。另外，花已凋谢，多没有花芽续长，就不存在因分株而伤及花芽的问题。此时分株，还可促进营养生长活跃，逼其自立，提高分蘖率和复壮力。

花后分株固然是最佳时机，不过这是对花后换盆时，可顺便进行而言的。其实，只要仔细操作，分株随时都可以进行。即引种种苗时，上盆前便可同时进行。但是，在酷冻期分株，应注意保温，要求有 10～12℃以上的温度，以防因分株创伤而加重冻害。在 30℃以上的高温期分株的，有可能导致创口腐烂，应注意降温和创口消毒。

2. 分株的条件

莲瓣兰叶幅窄，假鳞茎也小，从其生长习性看，不宜折单散植，通常要以 2 株以上连体种植较好。所以，凡是 4 株连体成簇的簇株，都可以对半折开种植。对于初养者，栽培经验较少，分株的技术比较不熟练，为了保险起见，也可以待株簇长至 6～8 株时行对半分株术，比较稳妥。

当然对于芽变之奇株（为了防止其退化）和长势格外强化的簇株，也是可以折单散植的。只要细心分离，合理种植，精心养护，不仅可以养好，而且其分蘖力还会更高。

3. 分株的方式

分株的方式，可分为起苗分株和就地分株两种。它们又可再分为全离体分株法和半离体分株法。

(1) 起苗分株

起苗分株应结合换盆进行。其程序如下：

1）脱盆起苗

脱盆起苗顾名思义就是让苗和基质离开原盆。是先使盆内基质和植株脱离原盆，然后弹松基质，起出种苗。而不是强行拔苗。

有些人对有土栽培的植株，用双手的手指扦入株基之假鳞茎底部用力拔出。这种起苗方法从表面看来，没有用手捉住叶柄强拔，能像挖菉苗那样用手指伸进培养土里托拔出来，已够细心啦。但实际上对根的损伤比先脱盆，后弹去基质，缓缓取出种苗要大得多。对于讲究栽培效率及质量的兰花来说不够妥当。有些人认为无土栽培的基质十分松散，捉住假鳞茎就用力拔。其实无土基质，虽然是颗粒状，但久经浇水施肥、颗粒之间已结合得很结实，兰根随着基质的孔洞缝隙穿行。强拔，比土培的更易拉断根。因此说，不论采用哪种方式栽培的。都应先脱盆，即缓缓斜倒出基质和种苗，然后缓缓剔除基质，缓缓取出种苗，力求把起苗的损伤减少到最低程度。

比较恰当的脱盆程序是：先用手指缓缓剔除盆面缘和株基的部分基质，接着倾斜盆面，用手稍用力拍击盆外周盆壁，边倒出部分基质继则倾倒。如无法倒出，可以选近盆缘的小丛苗，用手指托拔出，让盆内有个空间，再倾斜盆面，继续拍击盆壁，边倒出部分基质，然后再继续拍击盆壁，边倒出部分基质，多可倾倒出盆内的基质和种苗。实在无法倒出的，只好用手各个击破，助托拔之。对于多年未换过盆，根已长满盆，基质又严重板结、黏腻的，宁可牺牲一个盆，也不要强拔。

2）洗根晾根

取出种苗后，应先洗根。以利于观察根的健康情况和消毒。洗根，最好用自来水冲洗。浸泡荡洗的，易传染菌虫害，尤其是病毒病害。

洗净兰根后，把植株摊于日光下，用遮阳网遮住兰叶，让兰根翻晒 1～2 小时，使兰根变软、变韧。这样既利于分株理根，又可激活生长力和增强吸收消毒药剂，以提高消毒效果。

3）掰折分株

掰折分株，首先是找准丛株中，从叶色看最老的两株植株下手掰折。用双手的拇指和食指各捏住一个最老的假鳞茎，往相反的方向逐渐加大用力，掰至 90°角时，便可听到撕裂的响声。接着，用拇指和食指撑开，一手持消毒过的刀片或剪刀，切开未掰离之两个假鳞茎连接体（即地下茎）。如果分成两簇，仍感到太大丛，就依此法，再掰折。直至 2～4 株连体为止。如果是植株很粗壮，嫌 2～4 株成丛，分蘖力不高，可以把这 2～4 株连体成丛的植株，再行半分离术。

所谓的半分离术，就是把两个假鳞茎掰至 90°角，听到嘶—，嘶—，的响声时，即止掰。

为了防止，病虫原从掰拆的创口入侵，可选用高效广谱杀菌剂多菌灵或托布津之一涂创口。也可选用细菌真菌并杀的美产“可杀得 2000”涂抹创口。

4）清杂消毒

掰折分株后的兰株，应剔除枯朽之叶梢，（注意：用于拔除枯朽叶鞘，应往上拔起，以防伤及发芽点或小叶芽。），剪除病残叶片（对病斑的剪除，应连带扩剪病斑周围的绿叶 2～3cm，剪口应下斜，使之与叶尖基本同形），剔除病、烂、断根（根少的，应只剔根皮、根肉，保留中心柱），然后把经彻底清杂过的植株放入 1 000 倍液的美产“可杀得 2000”，或其他有细菌真菌并杀的药剂稀释液中，加 250 倍液的食用米醋浸泡 30 分钟以上。捞出，冲洗干净，晾干待植。

5）栽植与管理

经分株后的兰株上盆时，基质要粗糙，疏水透气性要强；要消毒；有土基质不要有基肥；新株要朝向盆缘，以利其分蘖。

上盆后的管理要点是：在低温期要注意保温，以防冻害；如在高温期，棚室的温度勿超过 28℃，以防创口腐烂。基质勿过湿，没干勿浇水，以防水渍害；新根未长出之前，勿施肥，以防肥渍创口而烂根；平时要保持棚室有 70％左右的空气湿度。应该薄施二三次促根剂，多喷几次叶肥，以促进长根和营养生长。

（2）就地分株

就地分株是指在原盆或原畦地上，免起苗的掰折分株术。它适合于上盆或地栽后尚未超过两年，既需要分株促进分蘖，而又暂未备好盆、基质和场地。是一种因陋就简的应急分株繁殖法。它也同样可分为全分离和半分离两种形式。

就地分株，虽有简便省事的优点，但也有操作难度较大，需要更加细心的不足。

其具体做法是：用双手的食指和拇指，各捏住一个老株假鳞茎中部，缓缓向相反方向用力掰至 90°角时，听到撕裂声，就止掰。这就是半分离术。半分离后，用消毒过的剪刀或刀片，切开尚未分离的假鳞茎连接体，就是全分离术。

二、组织培养

组织培养即利用兰株的根、茎、芽、幼胚、叶等器官的分生组织，在无菌条件下，离体培育，诱导、分化，使之成为众多的新个体，而发育成新植株的繁殖法，也称外植体培养法。它是一种先进的无性繁殖法。具有品种特性稳定，又不夹带菌虫、病毒，繁殖量较大，适于工厂化、商品化批量生产的优点。但也有开花较慢，又需要有高级设备和技术才能进行的限制。通常无法采用此种繁殖法。故本书不予详介。有需要的，请自行找专业书籍，并向农科院咨询。

想在此提及的是：组织培养，确是先进的无性繁殖法。只有它，才能迅速地繁殖大量的良种苗，以适应国内外市场的需求。只有这样，兰花的优良品种才能尽快地走进千家万户，国兰才能有真正的发展；兰花才能在国际花卉市场中占有一席之地，才有较大的竞争力，才能赢得更大的社会效益与经济效益。也只有这样才能自然地扼制滥采乱挖，而有效地保护资源，这是大势所趋，是国兰事业发展的需要，也是人类文明发展的需要。

有些人，异想天开地想独占大自然的恩赐，垄断良种资源，独揽丰利，借保护资源、防止精品外流的幌子，以抵毁组织培养繁殖法，其实，这并非明智之举。而应像洋兰那样，大搞组织培养繁殖，大搞工厂化生产，大力占领国际花卉市场，才会有显著经济效益。奉劝有识之士，尽快地创造条件加快组织培养，繁殖出更多的好兰苗，在为社会经济繁殖的同时，获得更丰厚的回报。

第二节　有性繁殖

兰花的有性繁殖是利用兰花的种子，播种育苗的方法。每个兰花蒴果里有数百万粒种子。如果播种育苗成功，便可获得巨量的兰花种苗。另外还可充分利用品种的花器进行人工杂交，而获得理想的种子，可供培育出理想的大量佳种。只不过兰花的种子非常微小，且种子所含的营养分极少，其种皮又不易透水，因此其发芽率甚低，尚且即使发了芽，又不一定能顺利地发育成茁壮的植株。如此看来，播种育苗的难度确实很大。不过应该坚信，世界上，只要有了人，什么人间奇迹都可以创造出来，何况播种育苗这个小难题，完全是可以攻克的。只要我们相信科学认真操作，不断探索，成功总属于肯攀登的人的。

一、培育种子

1. 优选亲本

兰科植物种间杂交的亲和性很强，不仅可以进行种间的杂交，而且还可以进行属间的杂交。可见杂交的天地是相当广阔的。该如何优选亲本呢？

（1）优选属间良种

因为属间杂交某些特征多倾向于母本，而有的特征却是倾向于父本，所以要依自己杂交构想，从各个方面优选种类亲本。

①株型叶态方面的优选。从实践中发现：兰叶的幅度与长度、形态与数量，虽然与父本有着一定的关系，但更多倾向于母本。所以，如要创育叶幅宽、长度短、株叶较多、叶姿优雅的新种，首先要选择有如此性状的母本。

②花莛姿态与高度方面的优选。花莛的姿态与高度也多倾向于母本；其父本虽有影响，但不是主要的。所以要创育出莛细圆而高的良种，必须首先优选有这

些特性的母本。

③莛花朵数方面的优选。莛花朵数量受父母双方等同的影响。如要育出一莛多花的春兰，首先要优选莛花2朵以上的春兰为母本，再让其与莛多花的其它种类地生兰父本结合，方能如愿。

④花期的优选。花期受父本的影响最大。一般通过杂交，可使花期提前2～3个月。

⑤花色的优选。花色的遗传多亲于母本。花中的黄色、绿色、粉红色、鲜红色等多为显性色。要创育某种色花，就要选两种色泽相近的花进行杂交，其成功率就较高。

⑥花形与披彩的优选。杂交实践发现，兰花的形态（包括瓣型）和披彩撒斑，多亲向于父本。如果母本的瓣型和开品尚不够理想，就要严格挑选瓣型理想的父本。同样，想杂交出披彩撒斑，别致而艳丽的花朵，就要重视优选此方面格外理想的父本。

⑦花香方面的优选。如果想杂交出花香浓而醇的奇香种。就要优选花香最浓烈的春兰或花香最为醇正的寒兰与花香较好的莲瓣兰进行杂交。因为花香是受父母本同等的影响。

（2）优选遗传力强的亲本

①优选遗传力强的母本。一般说来，杂交种的特性多倾向母本。所以要格外重视优选遗传力强的母本。这也正与兰界热衷于搜集正宗的下山良种相吻合。一般认为：野生原种比久经栽培驯化的种苗强（因为未经长久驯化的种苗，保留有更多的抗逆性和适应性）；当地的种苗比远地的种苗强（因为远地的品种，尚未适应当地的生态条件）；传统品种比杂交新种强（因为传统品种，其性状已经长期的选育、巩固，其品种的优良特性是稳定的）。

②优选遗传力强的父本。许多育种实践证明，远缘杂交具有最强遗传力。因为父本的遗传力，常由于近亲育成而减弱。所以选择杂交父本时，应选择远地野生原生种。以避免近亲杂交的弊端。

（3）育壮母本

因为母本植株肯定是在自己的养兰场所里的，有育壮的可能性。另外受精的细胞有一年多的时间寄生于母本植株上，受母本的制约比父本大，所以要千方百计，首先育壮母本。育壮母本的关键在根系，基础在基质，根本在管理。要像慈母养育自己的亲生子女那样精心养育母本兰株。

2. 人工授粉

（1）取父本花药

当父本花朵微微初绽时，用经75%酒精消毒3次的镊子，把花药取下，用洁净的白纸承接，立即放入经过严密消毒的玻璃瓶内，并加以密封，然后放入冰壶或冰箱里贮藏。大约可以贮藏半年之久。

(2) 剔除母本花药

当母本花蕾含苞欲放时，将事先备好的，经75%酒精或蒸汽消毒过的沙布袋，把全花莛套住，以防自然传粉。当其花朵绽开时，用消毒剪刀，剪除遮掩蕊柱的部分花瓣和中萼片，以免影响授粉的操作。继而，用消毒过的镊子剔除其花药。

(3) 传粉

在剔除母本花药后，尽快将父本花药移至母本蕊柱顶端的柱头蕊腔处，让蕊腔分泌出的粘液黏住父本花药。然后罩上新的经消毒过的沙布套袋，并扎好下口，以防昆虫自然传粉。授粉工序完毕后，应挂牌、登记、注明父本、母本、花形、花色、花期和授粉日期等。

3. 授粉后的母本管理要点

①将母本兰株置于温暖而不酷热，且有散射自然光照的通风处管理。

②基质保持湿润，避免过分偏干，以保证株体有足够的水分流动，供给授粉蕊柱发育之需。

③在喷施水肥时，应用塑料袋套住授粉花莛，以防水分滴渗于蕊柱上引起腐烂。

④在子房未明显膨大时，不能施肥，以防营养生长过度活跃而影响坐果。

4. 果期的管理要点

①蒴果刚结成，应尽快剪除处于花莛中下部的弱小蒴果，只选留处于花莛顶部的粗壮蒴果，以促进种子饱满，提高发芽率。

②用肥应少氮多磷钾。每半月浇施1次美国产“花宝3号”1 000倍液，或0.15%的硫酸钾复合肥加1 000倍液上海产磷酸二氢钾；每周喷施1次1 000倍液磷酸二氢钾；每季喷施1次1 000倍液德国产“植物动力2003”，以促进种子饱满。

5. 蒴果的采收

一般结果后1年左右，果色日渐泛黄。这表示蒴果已发育成熟。可用75%酒精擦遍蒴果、果柄和刀具，待干了，再用新酒精棉花球擦，连续3遍以上。然后把蒴果剪下，放入经消毒干净的玻璃瓶内，密封后，置于干燥、阴凉处保存，以备春暖时播种用。

二、播种育苗

兰花种子的播种，可分为有菌播种法和无菌播种法两种。

1. 有菌播种法

有菌播种法相对比较简单。有兴趣者，均可一试。不过，此法成功率甚低。

如能采取专用盆播种，也还有一定的成功率。

(1) 在母本盆面播种

因母本盆面有兰菌，种子有机会获得兰菌的帮助而提高发芽率。但也常因浇水施肥而冲走兰花种子而丧失发芽的条件。

其具体做法是：选用水草（也称水苔，是苔藓植物），经 800～1 000 倍液广谱杀菌、杀虫剂浸泡 30 分钟，捞出洗净、晾晒成半干湿、切碎后，铺于盆面，约 0.5cm 厚度，然后把种子直接撒播其上便可。请注意，今后对母本浇施水肥时，要用喷壶，缓缓分次喷洒，以防冲走兰花种子。

(2) 在专用盆中播种

①选用高筒、有盆脚、底和周边多孔的无釉新陶盆，用洁净水浸透。接着选用洁净的泡沫塑料碎块或无污染的软木炭（如疑有污染、应选用 800～1 000 倍液广谱高效之杀虫杀菌剂浸泡 30 分钟后，捞出冲洗多次）铺垫盆底，约 5cm 厚。继而用山区小河边无工业废水污染的，含洪泥浆之细砂土与等量腐殖土混合均匀，经蒸汽消毒 2 小时后，取出冷却，装入盆内，填至 2/3 高处。其上再铺 1cm 厚的经消毒的水苔屑。

②选取下山兰的龙根洗净（盆用 10 条以上，愈多愈好），放于经过蒸汽消毒 2 小时，冷却后的容器里，研成浆糊状，然后用蒸馏水或冷开水稀释 100～300 倍，淋浇透于基质上，以使基质含有兰菌，可帮助种子萌发。

③把兰花种子均匀地撒播于培养盆的水苔屑之上。

④用新铁丝或竹片，在盆缘架设 40cm 高的小拱架，然后选用经冷开水清洗多次的黑色塑料袋连盆套住，扎紧。接着在黑色塑料袋四周各刺 1～2 个米粒大的小孔，以利于盆内微透气。

⑤把种盆置于有散射光照（2000lx）处，注意防高温、防酷冻，尽可能保持 18～26℃的适温和 60%～70%的相对空气湿度。

⑥每半月揭开套袋检查 1 次，如基质已干，可选用 6 000～8 000 倍液澳州产“喜硕”；或 500 倍液四川产“兰菌王”用冷开水稀释后浇透。

⑦当种子出芽后，可浇施 1 次 1 500 倍液阿斯匹林溶液，或 500 倍液“兰菌王”。每周可喷施 1 次 1 500 倍液美产“花宝 5 号”以促长。待兰苗长至 5～8cm 高时，便可以揭去塑料套袋，进行练苗。待兰苗长至 10cm 高许时，便可移植培育。

2. 无菌播种法

无菌播种育苗法虽然成功率高，但也要求有一定的设备和技术。不过对于需要获得大量良种苗，而又一时无法搞组织培育育苗的，不失为一个上乘的育苗法。近年来，已有些人在采用此法育苗。

(1) 应有的设备

无菌工作室、工作台、播种操作箱、试管、广口瓶、高压锅或微波炉

(2) 培养基的成分

适合于兰花种子发芽的培养基有数十种，现选介成功率最高的，用于组织培养的 MS 培养基（Murashige and skoog basicmedium）介绍于下：

成分	用量（mg）
硝酸铵 NH_4NO_3	400
硝酸钙 $Ca(NO_3)_2 \cdot 4H_2O$	144
硝酸钾 KNO_3	80
磷酸二氢钾 KH_2PO_4	12.5
硫酸镁 $MgSO_4 . 7H_2O$	72
氯化钾 KCl	6.5
螯合铁 NaFe-EDTA	25
硼酸 H_3BO_3	1.6
硫酸锰 $MnSO_4 \cdot 4H_2O$	6.5
硫酸锌 $ZnSO_4 \cdot 7H_2O$	2.7
碘化钾 KI	0.75
吲哚乙酸 IAA	2
激动素 Kinetin	0.2
维生素 B_1 Thiamin	0.1
烟酸 Nicotinicacia	0.5
维生素 B_6 Pyridoxine	0.5
甘氯酸 Glycine	2
肌醇 Myo-inositol	100
水解酪蛋白 Casein-hydrolysate	1 000
蔗糖 Sugar	2%
琼脂（洋菜）	1%
蒸馏水	1 000ml

pH5.0～6.0

也可选用成分比较简单的培养基：

Knudson Sol.N 培养基

成分	用量（g）
硝酸钙 $Ca(NO_3)_2 \cdot 4H_2O$	1
硫酸铵 $(NH_4)_2SO_4$	0.5
硫酸镁 $MgSO_4 \cdot 7H_2O$	0.25
磷酸二氢钾 KH_2PO_4	0.025

硫酸亚铁 $FeSO_4 \cdot 7H_2O$	0.05
琼脂	15
蔗糖	20
蒸馏水	1 000ml

pH5.1

（注：也可在此培养基中，加入3g美产"花宝3号"，有一定的辅助作用）

（3）播种用具的消毒

①播种操作箱应用75%酒精消毒3次。然后开紫外灯管，用紫外线消毒30分钟。

②装培养基用的广口瓶、试管、注射器、粗针头、吸管、脱脂棉花塞都应用水煮沸20分钟，或高压蒸汽消毒，待冷却后放入操作箱备用。

（4）兰花种子的消毒

①双氧水消毒法。用3%双氧水（H_2O_2）浸泡种子20分钟。

②漂白粉消毒法。用新鲜漂白粉10g溶解于140ml的蒸馏水中，过滤去渣，然后将种子浸泡在漂白粉溶液内30分钟，如种子不下沉，可加入数滴95%酒精，种子便可下沉。消毒后，在无菌操作箱里，用过滤纸滤出种子，再用蒸馏水洗净、待播。

（5）培养基的配制

装培养基材料的各个瓶子，都应用75%酒精消毒3遍后，移进无菌操作箱里。用些许蒸馏水分别稀释各种成分后，混合、添足蒸馏水、拌匀、分装于各个培养瓶或试管里。要注意，每个容器中只能装2～3cm的深度。然后用长棉花塞塞紧。

（6）培养基的消毒

培养基可以放入蒸汽消毒锅内，用高压蒸汽消毒30分钟，也可以放入微波炉内消毒。消毒后，稍凉些，取出移入无菌操作箱里，以备播种。

（7）播种

当培养基冷却凝固后，便倒撒入适量兰花种子。播后把瓶塞盖好，并用经酒精消毒3遍的塑料薄膜。扎紧瓶口，挂上标有名称、号码、播种日期等的牌子，移入培养室。

（8）播后管理

将播种完毕的玻璃瓶或试管置于恒温、恒湿的无菌培养箱或培养室里培养。注意温度保持在25～26℃；湿度60%～70%；光照2000lx。

经常检查，发现有污染的瓶管立即取出弃之。

一般经3～12个月的培养，就可以发芽。发芽的时间长短，因兰花种类而异。种子膨胀呈淡黄色，逐渐变为黄绿色，最后呈绿色。种子发芽时，先出根，然后长叶。

待到幼苗长有数条根，新芽叶片挤成团时，可以移植于培养箱中，再次培养。

(9) 上盆栽植

当苗长 10cm 高时，可以移植于兰盆里培养。通常的培养土为：泥炭土 2 份（无泥炭土，可用水苔屑代替），木炭粉 1 分，细沙 1 分，全由高压蒸汽消毒后备用。

幼苗从培养基中取出时，有培养基黏附，可用 1 000 倍液甲基托布津溶液冲洗净、上盆。移入灭菌培养室，注意保持室温 25～25℃；湿度 60％～70％；光照 2000lx。2 周内不浇水，每天用冷开水喷细水雾 1～2 次。两周后，可选用 6 000倍液"喜硕"或 1 000～1 500 倍液美产"花宝 1 号"，每 3 天喷施 1 次。1 月后，每周选上述两种肥料浇施 1 次。待幼苗长新根，出叶后，生长力就较强了。但要注意检查生长状况和病虫害，及时防治。

第九章 莲瓣兰的栽培管理

第一节 养兰场所的构设

依兰花的生长习性，养兰的场地最好能具备3个条件：

①远离污染源。尽量避开大量排放工业废气的工厂和厨房。

②背西北朝东南。这样的坐向，既可避免强夕照和刺骨的西北风，又可饱享温暖的晨光和沐浴清爽的东南风。

③地势稍高旷。地势低洼、狭窄，则空气沉闷，通风不良。如果东南向有高层建筑物遮挡，便没有和熙的朝阳，通风也差。

当然，如此理想的宝地，不一定都有现成的。没有现成的宝地，并不是就不能养好兰花，因为自然环境是可以改造的。如被誉为“三大火炉”地区之一的工业山城重庆，多风高燥的西北、内蒙古，酷冻长达半年之久的东北，它们的自然条件，好像均不适宜于养兰。但这些地区亦有数不胜数的兰花爱好者，充分发挥了人的主观能动性，采取科学的态度，千方百计地改造恶劣的自然环境，培育出了包括莲瓣兰在内的各类兰株，不仅能生长良好，应期献艳送芳，而且还达到了出口标准。这都充分说明，自然环境恶劣的地区也同样可以创造出适宜兰花生长的人工环境。

一、露地兰场

在基本无霜冻、少绵雨的南方各地，可以选择山边梯田铲锄田埂，把田土分段叠起，用粗沙垫底，并用15%细沙，10%干树草根屑，35%火烧土与田土拌匀，铺成菜畦状种植。用竹片在畦面上搭拱架（以备绵雨时，用塑料薄膜遮挡雨水，但阵雨、细雨不遮挡），在拱架之上空有固定的单层遮光网。平时只依需供水和防治病虫害。用这种与野生时生态条件相近似的粗放管理，驯化下山苗成活率高，长势茁壮，发芽率也高，开花多，花味也清香。

二、简易兰棚

此种简易兰棚是依地势而设的大田养植的短期性兰棚。它宽为4～4.5m，长20m许，拱中心高度不低于2m，用杉木做桩柱，用大竹片作拱架，蒙上长寿无滴塑料薄膜，外架设遮荫网。此棚内分3畦，中畦宽，边畦小，通道0.5m宽。

低温期封闭保温，可抗零上低温。生长期两端敞开通风。

三、连拱大棚

这是用于开阔地，成片开发、固定种植的较先进的大棚。它使用多种规格的镀锌钢管支柱和拱架，棚平顶高度3m以上，在平顶架上再用多个2m直径的镀锌管折成的外切圆弧构成多个圆弧形的棚顶，在圆弧与圆弧之间再用镀锌板制成水槽。圆弧顶蒙上长寿无滴塑料薄膜，薄膜之上50cm高处，架设固定一层遮荫网。棚内平顶还有一层活动式的遮荫网。低温期，四周密封保温；生产期，四周敞开通风、吸取露水。这样的连拱大棚规模宏伟、造型别致，利于棚内布设和操作，又可获得比小棚高1～2℃的地热，抗寒力较强。

四、简易冷室

此为砖木结构，侧高度3m，周边门窗面积约等于总墙面积的三分之一。用透明塑料PC浪板挡雨，板顶50cm高处架设固定遮荫网，室内再拉一层活动式遮荫网，地面上有镀锌管兰架。室内设有自动喷雾、排气扇、地扇、吹叶扇等设施。冬春偶有低温时，用水银保温灯、远红外取暖器或空调器升温。

五、玻璃温室

此为不锈钢支架，铝合金门窗，全玻璃密封。遮荫、补照、通风、温度、湿度等全部电脑自动调控。

六、阳台、窗台兰室

阳台、窗台，是现成的固定场所，只要适当增加遮阳、防雨、挡狂风、增湿等设施，便可改造成养兰场所。

七、养兰场所构设的建议

1. 营造模拟自然的生态环境

兰花原生于山野与众草木为伍，朝夕相处，共呼吸、相依为命。常年雨露滋润，光照和煦，清风常拂，绿肥、有机磷、矿质元素源源而供，因而常年郁郁葱葱，随风欢跃，应期献送清芳。一被引种，犹如笼中之鸟，失去了自己的乐园，过着度日如年的压抑生活。不仅丧失了原有的滋养，还强加了许多厌恶的东西。几经折腾，有的能顽强存活，有的抗争失败而枯。这是我们对兰花的了解不够，弄巧成拙所致。因此营造一个模拟自然的生态环境，以求因势利导很有必要。一般采取在棚室周围培植树桩盆景；棚室内四个角落，也种大型树桩盆景；内壁培植天门冬、茑萝、牵牛花、花叶长春藤等攀缘植物；兰架下种植水草（苔藓植物)、翠云草，或宝石兰类开唇兰属的银丝莲、金线莲等洋兰；兰架上，间陈盆景。以让兰花回归近似自然的生态条件。

2. 给棚室顶开个活动式的天窗

给兰棚室顶开个约占棚室顶面积的十分之一强的活动式天窗。绵雨、暴雨期和酷冻期关闭，其余时间敞开。这样既可给棚室创造一个立体通风透气的环境条件，又可为兰株迎来毛雨、雾露的滋润。

3. 构设升降式兰架

冬季和早春，兰盆陈列于地面，可多赢得1～2℃的地热；生长期，兰盆底距离地面20～30cm，有利通风透气，又能赢得地湿，对兰株的生长甚为有利；花期赏花和展销时，盆兰陈列得太低，不便观赏，需升高。因此能构成半自动升降式，可依需调整兰架高度，确是一举多得之举。

4. 遮荫网应设置成固定与活动相结合

通常在离棚室顶50cm处，架设一层固定的遮荫网，既可遮挡骄阳，又不致遮去散射光照，但到盛夏金秋，骄阳似火，仅靠棚室顶空的固定遮荫网，棚室里的光照还是太强。故应在棚室内，架设一层活动式的遮光网，可随时依光照强弱而揭盖。这样对兰株的生长和开花甚为有利。

5. 应有足够的通风设施

简易兰棚在生长期可以掀开周边的塑料薄膜，让其全面通风。而固定的兰棚室，特别是砖木结构，铝合金玻璃结构的兰室，尽管有多个门窗。但总有通风不良的死角。特别是在高温期和酷冻期，室内的空气总是较沉闷、污浊。另一方面，在浇施水肥后，需要尽快吹开株叶，花莛淤积的水分。仅靠门窗的空气对流，还嫌不够。因此需要设置换气扇、吹叶扇等。

第二节　种植材料的选用

一、兰盆的选用

选用兰盆，首先要求能满足兰花生长习性之需求。一要无病毒、细菌、真菌、虫害、工业废水等有害物质的污染；二要疏水透气性能强；三要利于兰根的舒展。次为要求能与兰苗相般配而提高观赏价值。如植株的高矮与盆的高矮，株数的众寡与盆的大小，兰花品位高低与兰盆的美观程度，生产需要与观赏需求能相般配。三为是否利于起苗、包装和运输。在这3个基本要求中，无污染与疏水透气性最为重要，因为它关系到兰株的生存与发展。至于是否般配的问题，容易调整变更，并无大碍，如能同时考虑周到，自然是更好。

历代养兰者对兰盆的选用，都在苦苦地探索，对兰盆的质地和造型，几经改进，为我们积累下宝贵的经验。现代人有了更全面的新突破。如今的兰盆，不论是质地、规格和装饰都是异常丰富的。该如何选择呢？在同样无污染的条件下，一切都要从有利兰株的生长出发，至于规格、造型和装饰，只能是尽可能结合考虑之。

对有土栽培的，因有土植料比无土植料的疏水透气性能低得多，应选用质地粗糙、疏水透气性能强的陶器盆、藤条盆、竹篾盆、塑料筛篮为好。无土栽培的，其植料本身有很强的疏水透气性能，可以无所限制地任意选用。不过从易于起苗换盆的角度看，以口径应比底径大的叭口状盆为好；从兰根易于包装运输和易于掰折分株的角度看，选用高筒盆，兰根有可能依序往下直伸，肯定比较好。有土栽培的，从既要有利兰株的生长，又要有比较雅观的要求看，应选用陶器盆种植，当要移入居室观赏时，或应期展销时，再把它套入装饰优雅的外套盆，可算是较明智的选择（栽培用的内套盆必须依外套盆的规格定制）。从方便和应急用盆的角度看，用现成的竹篮、藤篮、塑料筛篮，甚至是用木条板随时钉成的木筐，都未尝不可。从寻求自然野趣的艺术角度看，能选用竹、藤、树桩、奇石等材料加工而成的别致兰盆，自然是锦上添花。

总而言之，不论选用何种材料制成的兰盆，以不离、宽口、高腰、高脚、内壁平滑、底和周边多孔的总要求为好。

二、栽兰基质的优选与复配

1. 无土植料应达到的要求

（1）无污染

即无工业废水、细菌、真菌、病原、害虫原、病毒原的污染。这要通过多方了解、证实何种品牌的无土植料种植后，最少发现病毒，而决定选购。

（2）无锐利之棱角

自己选采、手工加工的石类、砖瓦类植料，多有锐利之棱角，它会影响兰根顺利伸展，常会划破幼嫩的根皮而导致急转变，又易给病虫害打开了入侵之门。另方面，在换盆起苗时，也极易划破根皮。故需经破棱机处理后为好。

（3）要浸泡清洗消毒

自己就地选取、加工的植料肯定有不够干净之处，就是外购的精致包装的植料，在经分装、运输破损、长期存放，及开封后多次顺手抓用，都会有所污染。所以，有的应浸泡、清洗、消毒，有的应加强保管，讲究取用卫生。

2. 有土植料应达到的要求

①结构粗糙，具有良好的疏水透气性能。

②土质偏酸（pH5.5～6.5），无污染，无菌虫害寄生，无病毒潜伏。

③有一定的保水、保暖性能。

④含有一定量的大量元素、微量元素和矿质元素。

3. 植料的种类及评价

（1）无机植料

①沙石类。火山石、风化石、高磷石、海浮石、蛭石、珍珠岩、粗河沙、河滩上的小石子等及进口的植金石、兰宝牌珍珠岩兰石、塘基兰石、松柏兰石等。

②火煅类。空心陶粒、陶瓷窑土粒、砖瓦碎等。

③塑料类。发泡塑料块（电器、仪表之防震包装物之碎片）、发泡塑料筋网套（水果网套）。

沙石类中的进口石，价格昂贵。有方便于就地取材的，可以敲碎当地之质地较松的石头，再经破棱机处理后使用，其中火山石、珍珠岩、河滩上的小石子，特别是白或黄色的风化岩石，流入河中，经河水冲刷、滚动，已成蛋圆形的，其中以可以在水泥地板上，当粉笔使用的质地松散的小石子，效果颇佳。火煅类中的空心陶粒表面粗糙，小鸟蛋样大，粒中空，既可吸水储存，又可在缺水时，渗透出水分、很不错。窑土粒，外表太粗，适合于混入有土植料之中。砖瓦碎片，旧的受污染太大，且有十分锐利之棱角，需要破棱机处理过方可使用。塑料碎块、筋，一般无污染，质地松而轻，既是垫盆底，作为疏水透气层的好材料，又是垫空石类硬植料、而利于幼嫩兰根伸展的好植料。

（2）有机植料

①树木类

△腐朽树皮　它常夹杂于天然颗粒泥炭土和普通泥炭土之中，或者是从深山老林里的老树上掉落的腐朽树皮。这些树皮呈片块状，质地坚硬，不易继续腐烂。它不仅可以改善土壤的物理性状，而且又可向兰株提供有机磷，是可贵的有机植料之一。

△嫩树枝　也可采集新鲜的嫩树枝剪成寸许长，混入植料中。它既可改善土壤的物理性状，还可以为兰株提供大量的绿肥、磷肥。不过它容易腐烂而散发热量和招引菌虫害。所以使用前应用杀虫灭菌剂消毒，复配量宜少，一般以混入1/10量为宜。

△木屑　指木工加工木材时掉下之如指甲粗的小木片。此植料在土壤之中易腐烂发热，混合量宜小，按体积比1/10为宜。

△锯末　指木工用锯裁断木材时所掉下的糠状细木屑。它除了易在土壤中发酵、散发热量烫伤根系外，还有由于它的体质太细，保水性过强，易导致水渍害而烂根，混合量宜甚少为好。

△蛇木屑　为树状蕨类植物之茎杆纤维，粗如方便面条、质硬、色褐，不易腐烂。目前不论是无土栽培，还是有土栽培，都在使用它，是优良的有机植料。但其中有一种形细如面线，色黄的，常夹带葡萄球菌。使用前，需用蒸汽高温消

毒。

②植物茎叶类

△水苔　水苔也称水草，是苔藓植物。短茸毛状，质松软，保水性甚强，是兰花专用的根群保湿物。可单用培植兰花，也可混入无土植料和土类植料使用。保鲜用新鲜的活水苔较好，作基质以干品为好。常用作无土栽培的盆面保湿物。无土植料可混入 1/5 许，有土植料不宜超过 1/10。

△松叶　它的作用近似蛇木屑，它的干品，也不易腐烂。把它切成寸许长，经杀虫灭菌剂消毒后，洗净，混入有土或无土植料中，混入量约为 20%～30%。可增强疏水透气性，又能提供少量的绿肥。

△高粱、玉米茎碎　切碎、消毒、发酵、冲洗后使用。

③种籽壳

△椰糠　为椰子壳之粉碎物。保水性甚强，用量宜少，一般以不超过 1/20 为宜。

△高粱糠　为粮食作物高粱种籽之苞片，它粗细适中，经杀菌、杀虫剂消毒后，洗净，可混入各类植料中使用。混入量可在 10%～20%。

△其他　谷皮、豆荚壳、花生壳、龙眼壳、荔枝壳、瓜子壳，也可以作植料。但它们也常夹带有菌虫害，又黏存有盐、糖、淀粉等成分。用前，须先略捣碎，反复浸泡、冲洗、发酵、消毒后，再冲洗，晒干备用。

④废渣料

△食用菌废弃植料　须经蒸汽高压消毒后，混入植料使用。混入量约为 1/10。

△山苍子渣、中药渣、甘蔗渣（要先浸泡去糖分）　经密封发酵后，浸泡、冲洗干净，混入植料中使用，混入量约 2/10。

⑤作物根

水稻根、高粱根、玉米根、豆科植物根等也是良好的植料。但它们常夹带菌虫原，需用高效广谱杀虫、杀菌药剂稀释液浸泡消毒后，冲洗干净，切碎、晒干备用。混入量 1/5 许。

⑥炭类

△芦苇草炭　芦苇生长于河边、湖泊边、潮湿地的高大的野生禾本科草本植物，是耕牛的绿色食物。把它刈下，燃烧。一烧透后，即洒水，使之成炭而不成灰。这样处理，既可减少其过多的碱性，又可成炭，以提高植料的疏水透气性。把它混入植料中，可有效地抑制“白绢病”（霉菌病）的发生。是上乘的植料之一。配合量按体积比约 3%许。

△软木炭　即在地面上堆放木材燃烧而成的木炭，或炉灶内燃烧的木柴，在其尚未熄火时，掏出洒水成炭。并非炭窑烧成的木炭（硬木炭）。它可自然调节

基质的干湿度。粗块可作垫层用，炭碎混入基质中使用。

(3) 土类植料

①树林腐殖土。即树林中，处于地表之灰黑色壤土。它为树枝叶、杂草枯树腐烂后堆积与灰尘、泥浆混合而成，富含腐殖质，质地疏松，但团粒结构较细。在人工采用后，失去了树草根的架空，便易板结，疏水透气性能欠佳，且夹带有菌虫原。

②沙壤土。此为山区小河岸边含洪泥浆之沙壤土。它偏酸、疏松、富含矿质元素，对活跃兰株的可变因子，有一定的促进作用。缺点是颗粒细，易板结。

③塘泥。即水塘、鱼塘泥。经暴晒干后呈块状，有较强的疏水透气性。可惜现代养鱼多用高蛋白饲料饲养，使塘泥含肥分太高，凝结力降低，干燥块状也易松散而板结。单用塘泥兰芽易被过高的肥分渍烂。须与其它植料混合，且混合量宜少。

④气砂土。在公路边缘、山坡地常有尚未变成风化岩的，含粗砂量高达50%以上，含有白色、粉红色、黑色、绿色、褐色、黄色等色的团粒状一挖则散的山泥。俗称为“气沙土”或“五色土”。它偏酸、疏松，富含稀土、矿质元素，无污染，无夹带菌虫害。实验对比发现，它可激发兰株的可变因子，加快出艺变异的进程。但它也含有相当量的黏腻黄泥而较易板结，因此混配量不宜高于30%。

⑤泥炭土。此为地壳变动时，树木、杂草被深埋于沼泽地下变质而成的。pH在5～5.5，富含腐殖酸。可晒干、敲细、过筛后，把其细颗粒混入其他基质中使用。因其含腐殖酸较高，其混配量以5%较适合。

⑥天然颗粒腐殖土。该土有产于四川省峨嵋山的商品土，有荷王牌“仙土”和仙山牌天然营养土两种。经相关机构化验，含营养素全面，无夹带病虫害，无污染，团粒结构好，不易松散，疏水透气性能甚强，只要掌握好“宁湿勿干”的浇水原则，不用追肥也能养好兰花。

⑦人造颗粒土。它是以树林里的腐殖土为主要原材料，有的是添加些促进剂加工而成的。与天然颗粒腐殖土相类似。

⑧稻根土。凡种植水稻的地区，均方便获得。当水稻收割后，便可连稻头带根带土挖掘起来，晒干，敲碎即可使用。但由于稻田土质细而黏腻易板结。应加入细沙40%（或火烧土40%）、植物根、茎、叶等粗植料20%。

另外据很多菜农说，凡种植过茄子的田地，即使已改种过水稻，再种其它蔬菜长势还是很差。这样看来，凡曾种植过茄子的稻根土，最好别取来种植兰花。

⑨火烧土。可以结合清除田边地角杂草时锄下的草皮，也可结合清除山林防火道锄下的草皮，还可选用水稻根土或山边黄土晒干等与柴草结合堆叠燃烧而成。然后经雨水淋透（或淋水）多次，退掉火气，便可使用。它疏松、不板结，

是良好的土类植料之一。

4．植料的复配

事物总是有利与弊的两面性。我们运用它，自然要用其利而避其弊。栽培兰花的各种植料，也同样具有两面性。譬如石类植料，具有不板结、疏水透气性能最佳的优点，但也有质硬而重，兰根不易穿行伸展，保湿、保肥性能低下等缺点。为了更好地扬其利而避其弊，就必须在石类植料中添加入适量的蛇木屑等，以增大石与石之间的缝隙，让兰根易于舒展；再添加入适量的水苔屑，以增强石类植料的保湿保肥性能。这就是植料的复配。

（1）无土植料的复配

从境外引进的原盆无土栽培兰苗的基质可发现，他们也同样认为：石类植料质重、结合紧、空间小，兰根不易穿行舒展，而添加入蛇木屑，尚因无土植料的保湿性能低下，而添加入水苔屑，或于盆面覆盖水苔。由此可见，在无土植料中添加入植物植料是有所根据的。

①在沙石类、火煅类植料中，复配入15%的蛇木屑或质硬的、经消毒过的干树根、高粱玉米根屑和5%的水草屑。

②无土植料的保水保肥性能低下，对业余养兰者，常因无时间及时做到“宁湿勿干”而长势不良。笔者通过实验证实，在无土植料中除了加入20%的植物植料外，还可再加入10%的经消毒过的腐殖土和10%的火烧土。这样既增强其保水、保肥性，又能使喜土的兰根得到土壤的环境，而长势比无土栽培更茁壮。

（2）有土植料的复配

由于土类植料保水保肥性能强、疏水透气性较差，常有烂根发生。故应复配进20%～30%的粗糙植料，以增强其疏水透气性。

第三节　种　植

兰花的种植并不复杂，但从力求养好的角度出发，重视种植的环节，也还是必要的。

一、种苗的消毒

种苗的消毒是防治兰花病虫害最为关键的一着。因为只有严密的消毒，才能基本杜绝病虫原，才能真正达到防重于治的目的。因此，不论是山采苗，还是外购苗，也不论是自家的换盆苗，还是当地的分让苗，更不论是已有病虫斑的种苗，还是全无病虫侵染迹象的茁壮苗，都应进行必要的消毒。因为兰花的虫害形体细小，侵染隐蔽，不易觉察菌病原和病毒病原，肉眼根本就看不到。表面完好无损的茁壮苗不等于没有病虫原侵染，只不过是暂时尚未表露出来而已。因此奉劝兰友，严把“防”的第一关。

不过种苗的消毒，也不能搞一刀切，应依病虫原和种苗的生长期而异。

1. 疑为病毒苗的消毒

凡是从兰商购来的种苗，或是来自病毒流行区的种苗，或是从各类种苗都养的大兰场购来的种苗，因这些种苗在引种、运输中，交易十分频繁，相对受病毒病害的潜伏侵染之机会较多。虽然目前未见有病毒征，但种下的翌年或后年，常会偶现病毒征的。从防重于治的高度看，来一次消毒甚有必要。

一般选用500倍液陕西产的“病毒必克”或1 500倍液河南产之“病毒K”加入250倍液食用米醋，浸泡株体1小时。但是病毒是很难防治的，并不是浸泡1小时就能保平安。为了有效地抑制病毒。上盆后，每隔7～10天，须浇施上述药剂之一的稀释液1次，续浇5次。

如果是使用“病毒K”浸泡消毒过的种苗，因其可同时杀灭多种真菌病害，无需再用杀菌剂浸泡消毒。

2. 疑有菌虫侵染的消毒

通常选有广谱高效、细菌真菌并杀的美国产“可杀得2000”1 000倍液，与具有杀虫卵功能的广谱高效杀虫剂“卵虫绝”或“扫灭利”1 500～2 000倍液，再混入250倍液的食用米醋，浸泡0.5小时。时间一到，捞出，洁水冲洗干净，晾干待植。

3. 带花、叶芽种苗的消毒

带花芽，包括已排铃含苞待放的花莛和叶芽，指已伸出盆面的叶芽和展叶尚未两个月的新株。采用浸泡消毒种苗法，易熬坏花芽和叶芽。应采取斜放植株，根部朝上的方法，用上述药剂稀释液淋洒全株，待接近干燥时，再淋洒，反复3～5次后，清水冲洗干净，晾干待植。

二、栽植的程序

1. 铺好垫层

把疏水透气罩盖于经消毒过的兰盆内底中孔上。不方便买到疏水透罩的，可选用易拉罐饮料瓶、或矿泉水瓶剪去上底，留10cm高，在其底部和周边，密钻豆大之孔，倒盖于盆内底中孔上。然后选用泡沫塑料碎块，或软木炭充填5cm高。还有上露的疏水透气罩，再用套苹果用的泡沫塑筋网包裹一层，以减少疏水孔被植料所堵塞。

2. 填入粗植料

填入约3～5cm厚准备好的粗植料。

3. 布人植株，充填植料

把兰株布入盆内，让新株朝盆缘（让其得到较佳的生态条件，以提高其分蘖力），让假鳞茎顶端与盆面缘成同一水平线。继而理顺根群，一手扶住植株，一手填入中粗植料，至近假鳞茎基部，然后摇晃兰盆，让植料与根群结合好。继则边向假鳞茎基部充填细植料，边撒些蛇木屑等植物植料，逐渐在盆面构筑成馒头形，最后铺上一薄层水草，以防浇水施肥时冲散馒头形而裸露假鳞茎。

4. 浇施定根水

种植后的第一次浇水，名为浇定根水。浇定根水的具体时间和水质，也因具体情况而有所区别。

如果是采回或购回的兰苗，叶片似有轻度脱水状，基质又干燥的，应立即浇之；如是自家的换盆苗，叶片没有轻度脱水状，根群发达而完好的，不论基质干燥与否均可即浇定根水；如是种苗的根群创口多，叶片又没有轻度脱水状，基质还潮湿的，可 3 天后浇定水；基质较干燥的，也可 2 天后浇定根水，以防基质过湿，渍烂根创口；如是无土栽培的，无论什么情况，均可即浇定根水。

至于定根水的水质，通常均以偏酸之洁净水为好。

从现代的观点认为，新上盆的兰苗，根群总会有创口，阻止菌虫原从创口入侵和防止创口腐烂是当务之急。因此选用能作用于植物的遗传基因，生成多种与植物抗病有关的蛋白质，以阻止病原物入侵、扩散，并杀死或抑制其生长，从而起到高效的保护作用的医用解热镇痛剂阿斯匹林（乙酸水杨酸）简称 A.P.C. 1 500～2 000 倍液浇之。它除了具有高效的保护作用外，还有促根催芽的促进作用。

值得一提的是，阿斯匹林，虽有不凡的保护与促进作用，但也有会打破休眠、导致疯长和多次使用后停用会出现滞育的弊端。因此，休眠初期、中期勿用；末期可用。可与磷酸二氢钾、生物菌肥交替施月。新上盆的盆兰，以施用 2 次为宜。

除了可用阿斯匹林稀释液当定根水之外，还可选用四川产华奕牌“兰菌王” 1000 倍液当定根水。

5. 栽后的养护要点

（1）控温

低温期要保温防冻，勿让温度低于 2℃。高温期应注意降温，勿让气温高于 26℃。低温期最好陈列于地面，用竹片架拱，蒙上白布一层，外面再盖上无滴塑料薄膜，以保相对恒温。

（2）注意保湿

没有密封的，应适时喷水雾以防止叶片脱水。

（3）适给光照

光是植株光合作用制造养分的能源，在某种程度上说，光照也是促进创伤康复、适应新环境的能源。夏秋季节的日出至 9:00 的晨光应充分利用；冬春上午

10:00 前的自然光照也应充分利用。其余时间遮荫密度为 85%。如无自然光照，用植物培养灯或日光灯加红色萤光灯补照也可以。

(4) 适当给养

新上盆的兰株，因根群总会有创口，在未结痂之前，施肥易渍烂创口。通常要在新根长到 2cm 长时，方可施肥。但在种植后的半月许，浇施 1～2 次低浓度的叶面肥，不仅不会产生副作用，而且还有促进康复的作用。如 800～1 000 倍液的“兰菌王”、3 000 倍液的日本产的“千旺活力素”、6 000 倍液的大洋洲产的“喜硕”、8 000 倍液的“多功能促进剂”。

当然在上盆后至新根未长出的这个保养期内，不应过多根浇肥料，促进剂应以叶面喷施为主。叶面喷施，可任选 1～2 种叶面肥。但以 1 250 倍液德国产的“植物动力 2003”、1 000 倍液日本产的“千旺活力素”、3 000 倍液大洋洲产的“喜硕”效果较佳。

三、日常管理

日常管理主要是及时调控光、温、水、湿和通风等。

1. 光照量的调节

和煦的晨光是最适合兰株生长需要的。冬季的 10:00 前，夏秋的 9:00 前，应拉开活动遮荫网，让兰株沐浴晨光。

其余时间，以人不戴草帽在兰棚室里工作 20～30 分钟，不觉得太热的光照下，在棚室顶加一层固定遮荫网则够；阳光过热时，则增加活动遮荫网。

兰棚室周围如有高层建筑物挡阳的和连续数月的阴雨天，最好设置植物培养灯或日光灯加 3W 红色萤光灯补照。受建筑物遮挡而无光照的，就随有光照的时间补照。长时间阴雨天，可以每周的二、六上午补照。

2. 温度的调节

莲瓣兰性喜阴凉。兰棚室的温度，以不超过 26℃ 为宜。如果超过了，就要尽快采取加大遮荫密度、加强通风、喷水雾等措施降温。温度太高时，还要采用散陈冰块和向通道淋洒冰水以降温。

像被誉为“火炉地区”的夜间的气温仍然很高的重庆等地区，夜间同样需要继续降温。而且力求夜间的温度比白昼的温度低 5℃ 以上，以减缓叶片呼吸的消耗，为兰株的发芽与开花积累下营养。

莲瓣兰虽为最为耐寒的种类之一，但也不是性喜低温酷冻的，尚且它耐寒力，也是有限的。兰棚室的温度最好调控在 5～10℃，最低也不能低于 -5℃。但是棚室温高于 10℃ 也不好，会干扰其正常的休眠。

莲瓣兰虽然在积雪覆盖下，能安然无恙，而且也能照样应期献艳送芳。可是不能忍受浓霜的侵袭。因此霜期应做好遮挡防护工作。

3. 水分的调节

水是植物的命脉。但太多了和太少了都会危及它的生命。依需而供，才有利其生长发育。具体而说，莲瓣兰也和所有地生根兰花一样，能有一定的耐旱力。可是它的假鳞茎小，叶质薄，其耐旱力就不仅不如建兰，甚至比春兰的耐旱力还要差些。

莲瓣兰对水分的需求量，依生长地的光照、温度、风力、基质的保水力、盆具的质地、植株的壮弱有关。不过有大体的供水原则，应掌握：无土植料和颗粒土栽培的盆兰，应“宁湿勿干”；有土栽培的盆兰，应“宁干勿湿”。

4. 肥的合理施用

由于莲瓣兰叶窄质薄，所需的光照、温度较低，对肥料的利用率较低，需肥量也就相对比其它兰少些，故施肥的浓度要淡，间隔时间要长，切勿因过分溺爱而适得其反。

莲瓣兰也和其他兰花一样，需要肥料的营养。通常在春暖萌芽前半月许施1次0.1%硫酸钾复合肥溶液的“催芽肥”。当新芽露出基质面时，施1次1500倍液磷酸二氢钾与硼肥的“助花肥”；约经1月许，每隔15～20天，施1次0.1%的硫酸钾复合肥或400～500倍液沤制有机肥的“助花肥”；秋末冬初，应施1～2次1 000倍液磷酸二氢钾的“催熟抗寒肥”；当末花期或花谢后，应施以0.1%的硫酸钾复合肥或400～500倍液的沤制的有机肥当“坐月肥”；在分株换盆前1周左右，应施1次与“坐月肥”同样的“陪嫁肥”。

除了根施以外，也还可以每旬喷施1次叶面肥，还可以把叶面肥的稀释浓度再扩大1倍，每周喷施1次。通常在叶芽露出基质面时，喷施800倍液磷酸二氢钾+0.2%硼肥，以诱导花原基形成；秋末冬初，喷施800倍液磷酸二氢钾，以催化新株发育成熟，而提高抗寒力；在春季气温开始回升时，喷施1 000倍液美产“花宝4号”，并混入2 000倍液尿素和250倍液食用米醋以打破植株的休眠，争得长些的营养生长期。此期，也可间喷500倍液“兰菌王”与2 000倍液“三十烷醇”或1 000倍液德国产“植物动力2003”，2 000倍液美产“促根生”，1 000倍液日本产“千旺活力素”，6 000倍液大洋洲产“喜硕”，6 000倍液日本产“爱多收”，10 000倍液广西产“喷施宝”，500倍液美产“高乐”等以促根催芽助长。总而言之，兰花需肥不多，选用种类因生长期而别，混合种类宜少，稀释浓度宜淡，间隔时间宜过旬，勿给佳种开小灶。

5. 空气湿度的调节

莲瓣兰原生于江河纵横，山涧、溪流、瀑布、幽潭星罗棋布的林野间。既有雨雾、露水的滋润，又有林地湿气的沐浴，除了晴天的午后有2～3小时，叶片较干些外，从傍晚至翌日中午，叶片都是湿润的。从而养成了喜空气湿润的生长习性。一般在休眠期空气的相对湿度宜调控在45%～55%，生长期则要求空气的相对湿度在80%左右。通常在兰架下设置水槽或种植水草，通道常洒水。光照强、气温高时，人工喷水雾或设置加湿机，或设置免动力滴喷装置以增进空气的相对湿度。

6. 保持通风透气

兰喜风而畏浊。兰花在野生时，微风常拂，被移种于棚室里，有土壤中微生物排放出的臭味，有在光照、温度和水肥的协同作用下，有机质散发出的异味，有各种设施散发出的塑料、油漆味，有农药肥料味，还有风带来的生活、交通、工业废气等等，使兰棚室中空气十分污浊，十分不适于被誉为空谷佳人的兰花的生长。因而历代兰花园艺家和爱好者十分重视养兰场所的通风透气，清代《岭海兰言》的作者区金策先生提出兰盆的东南西北和盆底盆面的六面通风。笔者认为还应增加个盆中的通风。可试制略比盆高些，直径1～2cm，周壁开有许多豆大的孔洞之疏水导气管，从盆面直插盆底中孔，协同新式兰盆以达到全方位的通风透气，满足了具有喜气习性的兰根之生长需求。

此外兰棚室里盆兰陈列不宜过密。门窗宜常开启，电风扇、排气扇、天窗式天然抽气窗也应依需开启使用。特别是浇水、施肥、喷雾后，更应及时开动吹叶扇，吹开叶片水分。

兰虽喜风，但也不是风愈大愈好，而是喜徐徐的和风，也就是能让兰叶，有微微地颤动之风力即足矣！风力过大易导致兰叶互相磨擦而造成机械性损伤而给菌虫害入侵打开方便之门。特别是新株尚未发育成熟之前，风力过大极易吹折叶片或将其震离假鳞茎而枯萎。

第四节　病虫害的防治

一、主要虫害的识别与防治

1. 下部叶背满布“虱蛋”是哪种虫害

兰株中下部叶背和茎节间的隐蔽处，寄生着如虱子蛋大小的白色或淡黄色椭圆形附着物的是介壳虫。古兰籍称其为“兰虱”。

介壳虫种类繁多、繁殖很快，危害甚大。它能在十天半月内，酿成灭顶之灾。由于它的入侵、寄生隐蔽，不易发觉，一旦发现已满布全盆。再由于它能分泌蜜露和蜡质形成躯壳，犹如身穿“防弹衣”通常之杀虫剂奈何不了它，而被列为兰花的第一大敌。其防治法：

(1) 防微杜渐、控制虫原

凡引进种苗和换盆时，都应该审视假鳞茎、叶鞘、叶柄沟、叶背和根基处。只要有一个介壳虫卵时，就应在地面上摊一大块塑料薄膜，逐一用竹片或牙签剔除之。因为不会仅有一个介壳虫，一定要认真寻找，力求全歼。然后把剔除、掉落于塑料薄膜之上的介壳虫集中烧毁。同时，为防止因剔除不干净，尚有隐患，应选用具有杀卵功能的高效杀虫剂 500～700 倍液，与 250 倍液食用米醋混合，浸泡兰株 30 分钟，以杀灭之。

（2）经常观察、跟踪追击

因介壳虫在分泌蜡质形成躯壳的同时，也分泌有含甜质的液体，名曰："蜜露"。这蜜露极易招引蚂蚁光顾。据此，凡养兰场所里有发现蚂蚁爬行的，便要全面检查兰株，即使是没有查到介壳虫的踪迹的，也应选用上述杀虫剂稀释液全面防治 1 次。尤其要注意喷及兰株基部和叶背。

（3）掌握规律，适时扑灭

介壳虫多数为一年繁殖 3 代，即 5、8、10 月的中下旬，为其若虫的孵化期。但个别的，有年繁殖 2 代或 4 代。所以，1、3、4、6、7 月的上中下旬为年繁殖 2 代或 4 代之介壳虫的若虫孵化期。此时若虫离开母壳爬出漫游，较易发觉，也由于它尚未固定寄生，未形成蜡壳，药剂易渗入虫体、杀灭效果较高。应常测报，捕捉杀灭良机。

（4）讲究策略，力求全歼

①选用高效药剂　杀虫药剂中，标有杀灭介壳虫的不少，但多不具杀卵功能，它的实际杀灭力甚微。应选用具有杀卵功能的杀虫剂：如 500～700 倍液的"介壳净""虫卵绝"和 1 500 倍液的"果虫净"等。

②添加增效剂　为了提高药剂的杀灭效果，可选用具有极强渗透力之食用米醋，每千克药剂稀释液混合入 10g 食用米醋。

③全面喷及　由于介壳虫寄生隐蔽，草率喷施，根本无济于事。应把喷枪伸入兰株丛中，喷嘴朝上、朝下、朝左、朝右，反复变更方向喷施。还由于兰叶常相互搭盖遮掩，尽管已反复滚动喷施，那些相互遮掩之叶背，仍然无药剂涉及。因此，要求喷枪要边喷施，边翻动，挑拨兰叶，以使药剂喷及兰株各面。

此外，兰盆外壁、盆底、兰架、兰场通道和台凳都应全面喷及。每隔 5 天喷施 1 次，连续 2 次。

必要一提的是：如果虫灾严重的，应采用药液浸盆或起苗消毒，盆具、场地淋洒药液消毒，且要注意检测虫情，及时追击，方能彻底杀灭之。

还有在早春喷施 15～25 倍液的"松脂合剂"或 250 倍液的"机油乳油"。也有较好的防治效果。也有人选用台湾产之灭虫威（15％铁灭克颗粒剂）盆埋施 2～5g，让兰根吸收、输送至株叶，让介壳虫吸食而毙。不过，此法虽效果不错，但起作用的时间长，不能尽快挽救损失。只能对偶有介壳虫寄生的兰株施用。

2. 红蜘蛛对兰花有否大碍

红蜘蛛形体细小，从表面上看很普通，没有见到过兰花遭受其大面积危害的，因而往往不知重视扑灭它。其实，它在高温干旱的气候条件下，5 天就可繁殖一代，很快就可遍布四处危害。被害叶片呈现密集细小的灰黄点或斑块。叶片逐渐枯黄脱落，又在义务传播菌病害。被誉为花卉的大敌，也是兰花的一大害虫。

可选用如下药剂稀释液之一喷施防治之：

①40％三氯杀螨醇 1 000～1 500 倍液。

②73％克螨特乳油 2 000～3 000 倍液。

③50％溴螨酯 2 000～3 000 倍液。

④40％水胺硫磷乳油 1 000～1 500 倍液。

⑤风雷激（绿旋风）1 500～2 000 倍液。

⑥40％氧化乐果乳油 1 000～2 000 倍液。

每隔 3～5 天喷施 1 次，续喷 2 次。

3．嫩叶、花蕾布满跳蚤样的害虫，怎样防治？

嫩叶、花蕾上布满如跳蚤样的赤色害虫，常为蚜虫和蓟马。他们会用那刺吸式的口器，吸食表皮组织中的大量汁液，使叶片残留下许多小白点，并招致菌病害。由于它们繁殖甚快，如没及时杀灭，也能造成重大危害。其防治药剂为：

①40％氧化乐果或 50％杀螟松乳油 1 200 倍液。

②20％杀灭菊酯乳油 2 000～3 000 倍液。

③40％水胺硫磷乳油 1 000～1 500 倍液。

④50％抗蚜威可湿性粉剂 1 000～1 500 倍液。

4．叶背披有一层能动的白粉物，是何害虫？

兰叶背披有一层白粉物，初看颇似白粉病虫，细看，它还能动。这是身披有白色蜡质粉状物而有翅膀能飞的小害虫，名曰“粉虱”。它常云集于兰叶背上吸取叶汁而使叶片枯黄，其创口常招致褐腐病，危害甚大。也被列为兰花的一大害虫。其防治药剂有：

①松脂合剂。冬春用 8～15 倍液；夏秋用 20～25 倍液，每隔 7 天，再喷 1 次。

②2.5％溴氰菊酯 2 500～3 000 倍液。

③25％扑虱灵可湿性粉剂 2 000 倍液。

5．叶片上似有鼻涕粘住状，是何故？

兰叶上似有鼻涕粘住的透明状、地图形的斑纹，是软体动物害虫蛞蝓、蜗牛爬过，留下分泌物所致。此黏液也易招致、诱发菌病害。它们白天躲在潮湿而阴暗处，不易被发觉，夜晚和阴雨天出动，啃吃幼芽、嫩叶、幼根和花朵。它们的食量大、危害不小。少量的，可于阴天或夜晚人工捕杀；量大的，可在盆面或场地上疏撒“蜜达”颗粒剂杀灭之，也可在兰场撒施石灰粉、食盐以杀灭之，还可用广口瓶盛啤酒分陈四处，诱其入食而醉杀之。

6. 兰花圃地的蚯蚓、线虫该怎样消灭？

蚯蚓虽有翻松土壤的作用，但它也在咬食根尖，对兰花来说，是利大于弊，必须歼灭之。线虫体小，长不及1mm。它寄生于兰根，致使兰根形成串珠状的结节瘤凸，导致叶片出现黄色或褐色斑块，日渐坏死枯落；叶芽难以发育展叶；花芽也不能发育。即使有花蕾，也不能开花。此类害虫，可选用3%呋喃丹（克百威）颗粒剂疏撒之。通常每公顷用量22.5～30kg效果颇佳。

7. 幼叶花芽和幼株断落是何故？

多可爱的幼芽、嫩株和花芽，似乎被折断而掉落，这是名为“地老虎”的害虫咬断所致。防治方法有二：

①在畦面喷施50%敌马乳油（敌抗磷）800倍液。

②选用80%敌百虫可溶性粉剂600倍液喷湿青菜叶碎片，撒施于畦面上，诱其食用，使之中毒而死。

8. 盆兰有蚂蚁寄生怎么办？

盆兰有蚂蚁寄生，可能是盆兰有介壳虫寄生，要注意检查，及时扑灭之。

盆兰有蚂蚁寄生，还会传播其它病菌，可选用广东省昆虫研究所出品的灭蚁特效药“灭蚁清”撒施于盆面或蚁路上，很快便可灭迹。也可选用80%敌百虫可溶性粉剂，以1∶10的剂量，拌花生碎、砂糖，撒施于盆面或盆缘，以诱灭之。

二、主要菌病害的识别与防治

1. 疫霉病

疫霉病，简称“疫病”，为世界性兰花主要病害之一。病原为疫霉真菌(Phytophthora)，它随水、风、基质、昆虫传播。在高温、多雨、高湿的条件下，发病最为迅速和严重。它的病征可因品种和生态条件而异，全株的各个部位均可出现病征。现选介其典型病征如下：

(1) 叶缘青腐

多从中段叶缘先出现，如手捻搓过状，呈青绿色湿润状，几天后呈淡灰色，然后转为褐黑色。相继受害部位的上部至叶端，一同干枯。也有的先从叶端缘或叶基缘开始出现病征。

(2) 黑头

假鳞茎感染疫病，使假鳞茎由青绿色逐渐变黄，最后变为黑色，并累及根和叶柄，致使全株枯死。

(3) 烂甲

疫病原扩染至叶鞘，使其由青腐逐渐转为黄色，至变黑、干枯后，叶鞘尖呈黑褐色，叶鞘基墨黑色，中段褐色。

（4）腐心

病原从新芽茎基往上蔓延，出现中心嫩叶有轻度脱水状，基部像被手揉搓状的青腐，逐渐转为褐腐。受害部位与绿色部的分界处呈青黄色。

总之，疫病原不仅会侵染叶片，也会侵染假鳞茎、幼芽、根状茎、根群和花，是一种危害甚大，扩染迅速的病害。一旦发觉，要及时清除、集中烧毁，并立即喷浇药剂防治。

防治疫病的药剂甚多，如福美双、灭菌丹、克菌丹、百菌清、琥胶肥酸铜、双效灵、甲霜灵等等，以代森锰锌、疫霜灵、叶枯灵、抗霉菌素120、多抗霉素、瑞毒霉的防治效果较好；以爱力杀、克菌、普力克、世高、卡霉通等新药的防治效果较显著；以可杀得2000、OS-施特灵和医用抗菌素氯霉素的效果更实在。

2. 炭疽病

炭疽病的病原是 *Colletotrichum gloeosporioides*。为常见而多发的兰花病害之一。因其中期斑色较为黑褐色，故而也被称为“黑斑病”或“黑褐病”。它初期呈湿性红褐色或淡黑褐色小脓疱状点斑，其斑点的周边呈褪绿橘红晕。病斑扩展后呈长椭圆形或长条形斑，边缘黑褐色，里面黄褐色，并有暗色斑点汇聚成带环状的斑纹。

该病的鉴别要点是：

①多从叶的中段开始危害。

②病斑周边呈橘红色晕圈。

③当斑色转为黑褐后，斑中尚有带环状之斑纹。

该病原在生长期内可不断重复侵染，以6～9月为发病之高峰段。有介壳虫为害的植株发病更为严重。

该病的有效防治药剂甚多。最好是非内吸性杀菌剂与内吸性杀菌剂混合施用，或交替施用。

常用药剂有代森锰锌、多菌灵、托布津、炭特灵等等。“可杀得2000”效果显著，30%爱苗乳油和德国产“施保功”1 500倍液更具立竿见影之特效。

3. 白绢病

白绢病是世界性的兰花病害之一。它的病原是小核菌 *Sclerotium rolfii*。

白绢病原在为害兰花时，表现为基质表面、兰茎颈部和根基处密布白色菌丝，故而为名，也称“白丝病”或“霉菌病”。受小核菌为害部位呈水渍状，腐烂变软发黑，易于折断，进而扩染假鳞茎。菌核由白色变为赤褐色至茶褐色。

小核菌以其成熟的菌核在土壤中越冬。无明显冬冷地区，其菌核可在未完全腐烂的残体上越冬。因此，种植前对培养基质的消毒和及时收集受害兰株残体烧毁甚为重要。

小核菌在基质呈酸性（pH＝5.3）条件下，发病最为严重。因此调节基质酸碱度，便有助于控制白绢病的发生。

白绢病在气温骤高、细雨绵绵的4～5月开始侵染。高温高湿的6～8月为发病的高峰期。通常在高温干燥后，或阴雨转晴时开始为害。它发病迅速，常是1～3天内就可致使兰株烂枯而死亡。它扩染也甚快。为难治的毁灭性病害。因此，根据其发病规律，及时调节培养基质的酸碱度和浇施灭菌剂，才能有效地控制病情的发生，避免不应有的损失。

对白绢病，只能是防。因为它发病异常迅速，一旦发现典型病征，多已危在旦夕，多数难以救活，能控制住邻近植株不死亡，就不错啦!

（1）对白绢病该如何防?

①重视对种苗和培养基质、盆具的消毒，以杜绝病原，为最根本的防。

②在基质中拌入1/10体积比的芦苇草炭，或于春季气温回升后，盆面略撒施芦苇草炭。以改变基质偏酸的条件，也可于该病原开始侵染的4～5月前盆施2%～3%石灰水，以调节基质的酸碱度，抑制其发病。

（2）对白绢病已发生的，该如何防治和抢救?

①发现病苗，立即起苗，剔除、扩刨病灶，洗净、吹干后，把病灶掩埋于石灰粉中，3日后取出，洗净、晾干，用经消毒过的盆和基质种植。并用灭菌剂稀释液当定根水浇施。

②对于与病苗相邻的植株，应淋透药剂，以预防其发病。并对全圃植株、兰架场地全面喷施或淋施（注意喷嘴向株基多喷几下）以防治。

③防治白绢病的药剂

A. 17%井岗霉素水溶性粉剂500倍液。

B. “可杀得2000”1 000倍液。

C. 医用氯霉素针剂，每安瓶稀释于1 000g水，最为高效。

4. 沙斑病

兰花的沙斑病是依病斑的形与色而取的通俗名。应该称为铁锈病。它的病原是驼孢锈菌 *Hemilleia* 等多种锈菌类。

病原入侵后，叶端背表层会鼓起许多如芝麻大小的铁褐色微凸物。数日后，微凸物破裂，露出锈色粉状物（病菌孢子）随风飘扬，重复感染。

由于该病的病斑，早期斑形细小，斑色不艳，又处于叶端背面，不易被发觉。需要仔细观察，逐一翻检，才能在早期发现、争取到防治的时机。如待到叶面上能显见病斑时，其病菌孢子早已随风飘扬，祸患整个养兰场所，给防治增加了难度。此病一旦发生，要二三年的连续防治，才能根治，不能等闲视之。

本病的发生规律是在晚秋和早冬，空气高燥、气温高、通风不良时开始发病。所以，仲秋时，就对养兰场所、兰架、兰盆外壁、淋洒一次杀菌剂稀释液，并逐一向叶端喷施药剂，3天后续喷1次。通常选用500倍液80%代森锰锌；800倍液“瑞毒霉”；1 000倍液“可杀得2000”；600倍液“OS施特灵”；600倍液“猛飞灵”；2 000倍液“爱苗”；600倍液80%“保加新”；1 000倍液71%“爱力杀”；1 000倍液10%“世高”等。任选2～3种药剂交替使用。

对已初现症征的叶片，要尽早整片剪除烧毁，并立即淋喷药剂。才能有效控制病情。

5. 萎凋病

该病以往被误认为是兰株寿命之终结的自然性枯萎。由于近几年来一年比一年有更多的兰友来信来电问及而引起笔者重视观察：它与自然枯萎的症状有何区别。自然性枯萎是从叶端向叶基逐渐黄化，直至变赤褐色，干枯凋落；假鳞茎及根群萎缩干瘪，不变黑。而本病是从叶柄环向上开始逐渐向上黄化，直至变褐色而枯落，其假鳞茎和根群发黑而枯。并累及新株相继发病而整丛、整盆萎凋。多从春末开始发病，夏季相继告亡。

该病的病原是镰孢属 *Fusarum* 之镰刀菌。经多次实验，选用1 500倍液广州产之71%“爱力杀”，或1 000～1 500倍液德国产之“施保功”50%可湿性粉剂，也可选用1 000倍液青岛产“萎立”淋洒透患病盆兰，每周1次，连续2～3次，有控制病情的效果。最好是及早剔除病株烧毁，并对未患病植株和邻近盆兰进行淋浇透基质2～3次，防治比较稳妥。

对于兰花其他病虫害的防治，笔者已在《兰花赏培600问》等拙作中详述过，不再赘述。这里仅选介危害最大、发病最迅速、又是常发多发之病虫害，且在近期有所新发现的内容，略加举例，仅供参考。